教育部高等学校电子信息类专业教学指导委员会规划教材

高等学校电子信息类专业系列教材

STM32单片机
原理与应用

向培素　游志宇　杜诚　编著

U0252740

清華大學出版社

北京

内 容 简 介

本书以 STM32 为例讲解单片机的原理与应用,基于 STM32F103C8T6 单片机讲解了 STM32 单片机的内部结构、最小系统、内置外设——GPIO、EXTI、USART、通用 TIM、I^2C、ADC、DMA 的设计及使用方法。

本书适合作为物联网、自动化、电子信息、计算机科学与技术、电子科学与技术、控制工程、通信工程、信息安全、智能科学与技术等相关专业嵌入式控制、单片机原理与应用等课程的教材,也可供行业相关技术人员参考使用。

图书在版编目(CIP)数据

STM32 单片机原理与应用/向培素,游志宇,杜诚编著. —北京:清华大学出版社,2022.6(2025.2 重印)
高等学校电子信息类专业系列教材
ISBN 978-7-302-60425-9

Ⅰ. ①S⋯　Ⅱ. ①向⋯　②游⋯　③杜⋯　Ⅲ. ①单片微型计算机－高等学校－教材　Ⅳ. ①TP368.1

中国版本图书馆 CIP 数据核字(2022)第 052809 号

责任编辑:王　芳　李　晔
封面设计:李召霞
责任校对:郝美丽
责任印制:宋　林

出版发行:清华大学出版社
　　　　网　　　址:https://www.tup.com.cn,https://www.wqxuetang.com
　　　　地　　　址:北京清华大学学研大厦 A 座　　　　邮　　　编:100084
　　　　社 总 机:010-83470000　　　　邮　　　购:010-62786544
　　　　投稿与读者服务:010-62776969,c-service@tup.tsinghua.edu.cn
　　　　质量反馈:010-62772015,zhiliang@tup.tsinghua.edu.cn
　　　　课件下载:https://www.tup.com.cn,010-83470236
印 装 者:三河市龙大印装有限公司
经　　销:全国新华书店
开　　本:185mm×260mm　　印　张:11.75　　　　字　　数:288 千字
版　　次:2022 年 8 月第 1 版　　　　　　　　　　印　　次:2025 年 2 月第 7 次印刷
印　　数:9301~11300
定　　价:49.00 元

产品编号:094641-01

前 言
PREFACE

　　随着技术的进步,如物联网、人工智能、大数据等新技术的出现,各种新的行业应用层出不穷,8 位单片机越来越不能满足以上应用需求。随着性价比的不断提高,32 位单片机在很多行业取代了 8 位单片机成为主流机型。STM32 系列单片机市场占有率高,技术资料全面丰富,开发成本低,技术更新快,能不断满足新出现的各种需求,在未来应用会更加广泛。

　　本书基于 STM32F103C8T6 单片机讲解了 STM32 单片机的原理与设计方法。32 位单片机常用的"库函数"设计开发方法与传统 8 位单片机所使用的寄存器设计开发方法有很大区别,本书例程使用 STM32F103 固件库开发,所有例程都经过调试,可以实际运行。但由于篇幅所限,书中只提供了程序的核心部分(完整程序可在清华大学出版社网站本书页面下载)。单片机的学习离不开实践,选用 STM32F103C8T6 型号就是因为这种型号的最小系统板价格低廉、内置外设足够学习使用、性价比高、购买方便,可以很容易地自行搭建实验环境。

　　本书由长期从事该课程教学的一线教师编写。第 1、4 章由杜诚编写,第 2、3 章由游志宇编写,第 5～10 章由向培素编写,全书由向培素统稿审阅。

　　本书在撰写过程中参阅了许多资料,在此对所有资料的作者表示诚挚的感谢,并对没有一一注明出处的作者表示歉意。对于书中所使用的资料没有注明出处或找不到出处的,在此郑重声明,本书内容仅用于教学,其著作权属于原作者,在此一并感谢。

　　由于时间紧促,书中难免有不妥之处,望广大读者多多提出宝贵意见。

编　者

2022 年 7 月

目 录
CONTENTS

概　　述

本章首先简要介绍嵌入式系统的概念,包括嵌入式系统的定义、应用领域、嵌入式微处理器的种类和常见的几种嵌入式操作系统;其次介绍 STM32 单片机的发展及常见的产品系列、STM32F103 中容量产品的内部资源、STM32 单片机的命名规则;最后介绍单片机开发的常用工具、开发流程及单片机的学习方法。

1.1　嵌入式系统的概念

1.1.1　嵌入式系统的定义

根据国际电气和电子工程师协会(Institute of Electrical and Electronics Engineers, IEEE)的定义,嵌入式系统是用于控制、监视或者辅助操作机器和设备及工厂运行的装置。

国内对嵌入式系统普遍的定义是:以应用为中心,以计算机技术为基础,且软硬件可裁剪,适应应用系统对功能、可靠性、成本、体积、功耗有严格要求的专用计算机系统。

从两个定义可以看出,嵌入式系统有专门的应用目的,多数情况是嵌入到被控对象中去的,是一种计算机系统。这和通用计算机,例如 PC(Personal Computer)的概念是有很大区别的。通用计算机是一个完整的计算机系统,具有基本相同的结构和功能,可以编程、运行程序、处理数据等;而嵌入式系统是一类特别的计算机,针对不同的应用对象,可以具有差异很大的软硬件结构,一般不具有独立的功能,需要和应用对象一起来实现一个完整的专用功能,也就是说,不同的嵌入式系统所实现的功能也是各种各样的,而且嵌入式系统具有体积小、重量轻、软硬件可裁剪、使用灵活的特点,可以嵌入到被控对象中成为完整的一体。

1.1.2　嵌入式系统的应用

嵌入式系统本身就是计算机技术、电子技术和各种行业应用相结合的产物,因而应用面是相当广的。具体例子可参见表 1.1,其实,凡是和“自动化”或者“智能”沾边的设备,基本都会用到嵌入式系统。因为机器设备的“智能”和“自动化”要靠嵌入式系统中的计算机运行程序来实现。随着技术进步,会有更多新的应用领域涌现出来。

表 1.1　嵌入式系统的应用领域

嵌入式系统的应用领域	具 体 例 子
消费电子	手机、平板电脑、各种家用电器
交通运输	自动导航系统、智能驾驶系统
工业自动化	数控机床、智能仪表、现场总线设备
机器人	机器人视觉、机器人运动控制
军事武器	导弹瞄准、雷达识别、电子对抗设备

1.1.3　嵌入式系统的组成

嵌入式系统和通用计算机一样,是由软件和硬件组成的计算机系统。软件包括操作系统和应用软件;硬件包括嵌入式微处理器、外部设备和一些外围元器件。

1. 嵌入式微处理器

嵌入式微处理器是嵌入式系统的"大脑",由它发出各种控制信号来控制外部设备工作。嵌入式微处理器可以分为 4 类:嵌入式微控制器(Embedded Micro-Controller Unit,EMCU)、嵌入式微处理器(Embedded Micro-Processors Unit,EMPU)、嵌入式数字信号处理器(Embedded Digital Signal Processor,EDSP)和嵌入式片上系统(Embedded System on Chip,ESoC)。

(1) EMCU 就是单片机,也称为微控制器(Micro-Controller Unit,MCU)。它在一片芯片上集成了一个完整的计算机的功能部件,包括 CPU、存储器、IO 接口以及中断系统、定时计数器、AD/DA 转换器等其他部件。与嵌入式微处理器 EMPU 比较,具有性能低、成本低、开发使用简单的特点,一般没有操作系统,主要用于控制领域及一些低端市场。

(2) EMPU 是由通用计算机中的 CPU 发展而来,为了满足嵌入式应用的要求,嵌入式微处理器除了保留和 CPU 同样的功能外,针对特定应用目的做了软硬件裁剪,只保留与应用相关的功能,并在工作温度、抗电磁干扰、可靠性等方面做了增强。与单片机相比,其性能高、成本高,可以配置实时多任务操作系统,适用于高速的"通用"计算和复杂的控制用途。

(3) EDSP 在硬件和指令上做了特别的设计,使其能够高速、实时地进行数字信号处理运算、数据传输。与嵌入式微控制器和嵌入式微处理器相比,EDSP 速度快、功耗小,能够快速完成各种复杂的 DSP 算法。

(4) ESoC 将处理器与一些专用的外围芯片集成到一个极小的芯片上从而组成一个系统,SoC 系统相对于 MCU 等处理器组成的系统来说,它在功耗上具有优势。SoC 芯片可在板图层面上结合工艺、电路设计等因素对系统的功耗进行优化,这样比由现今外围的 PCB 板搭建出来的系统功耗更低,占用空间更小。

2. 嵌入式操作系统

嵌入式操作系统(Embedded Operating System,EOS)是指用于嵌入式系统的操作系统,通常包括与硬件相关的底层驱动软件、系统内核、设备驱动接口、通信协议、图形界面、标准化浏览器等。嵌入式操作系统负责嵌入式系统的全部软硬件资源的分配、任务调度,控制、协调并发活动,并通过提供各种应用程序接口(Application Program Interface,API),使用户可以方便地进行嵌入式系统的管理。常见的嵌入式操作系统有以下几种。

（1）嵌入式 Linux 是以 Linux 为基础的嵌入式操作系统，广泛应用于信息家电、PDA、机顶盒、Digital Telephone、Screen Phone、数据网络、ATM、远程通信、医疗电子、交通运输计算机外设、工业控制、航空航天等方面。Linux 是免费且开放源代码的，不存在黑箱技术，经过数十年的发展，已非常成熟。嵌入式 Linux 的内核小、效率高，内核的更新速度很快，可以定制，其系统内核最小只有约 134KB。

（2）Android 是一种基于 Linux 的免费且开放源代码的操作系统，最初由 Andy Rubin 等人开发，后被 Google 公司收购。2007 年 11 月，Google 公司与 84 家硬件制造商、软件开发商及电信营运商组建开放手机联盟共同研发改良 Android 系统。随后 Google 以 Apache 开源许可证的授权方式，发布了 Android 的源代码。目前 Android 操作系统主要用于智能手机、平板电脑和智能电视等。

（3）iOS 是由苹果公司开发的手持设备操作系统。最初是设计供 iPhone 使用的，后来陆续套用到 iPod touch、iPad 以及 Apple TV 等苹果产品上。iOS 是商业操作系统，因此不是开源的，iOS 的开发工程师主要开发 iOS 的应用程序，使用的开发语言是 Objective-C 和 Swift。

（4）Windows CE 是微软公司针对个人计算机以外的计算机产品研发的嵌入式操作系统，是嵌入式、移动计算平台的基础。它是一个开放的、可升级的 32 位嵌入式操作系统，用于掌上电脑类的电子设备，类似于精简的 Windows 95。Windows CE 的图形用户界面相当出色。开发语言可以使用 C++、C♯、VB 等，可以使用系统自带的丰富的图形库快速开发出界面程序，开发效率高。选择使用基于 Windows CE 开发产品，需要向微软公司缴纳一定的版权费。

（5）Windows XP Embedded 是微软研发的嵌入式操作系统，可应用在各种嵌入式系统，或是硬件规格层次较低的计算机系统（例如，很小的内存、较慢的中央处理器等）。Windows XP Embedded 基于 Win32 编程模型，采用常见的开发工具，如 Visual Studio.NET，使用商品化 PC 硬件，常用于零售销售点终端、瘦客户机和高级机顶盒。Windows XP Embedded 有一个限制，它要求目标硬件平台必须是 x86 架构的，而且还需要向微软公司缴纳版权费。

（6）VxWorks 是美国 Wind River System 公司（2009 年被 Intel 公司收购）推出的一个非常优秀的实时操作系统。它以其良好的可靠性和卓越的实时性被广泛应用在通信、军事、航空、航天等实时性要求极高的领域中，如卫星通信、军事演习、弹道制导、飞机导航等。在美国的 F-16 战斗机、FA-18 战斗机、B-2 隐形轰炸机和爱国者导弹上，甚至连 1997 年 4 月在火星表面登陆的火星探测器、2008 年 5 月登陆的"凤凰号"和 2012 年 8 月登陆的"好奇号"也都用到了 VxWorks。不过如此优秀的操作系统，并不是所有场合都合适。通常 VxWorks 用于实时性要求高、环境恶劣的场合，因为使用 VxWorks 的成本非常高，在选择它之前，需要进行综合衡量评估后再决定。

1.2 STM32 单片机概述

单片机在一片半导体芯片上集成了一个完整计算机的功能部件，包括 CPU、存储器、IO 接口以及中断系统、定时计数器、AD/DA 转换器等其他部件，单片机常用于控制领域。

STM32 单片机是由意法半导体(ST Microelectronics,ST)公司在 2007 年 6 月基于 ARM Cortex-M 内核研发的 32 位通用微控制器产品系列。STM32 单片机经过长达 15 年 的发展,已经成为业界使用最为广泛的微控制器。发展历程如图 1.1 所示,包括一系列产 品,集高性能、实时功能、数字信号处理、低功耗、低电压等特性于一身,同时还保持了集成度 高、易开发的特点。

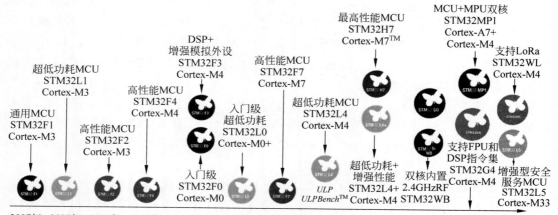

图 1.1　STM32 单片机发展历程

为满足汽车、工业、个人电子、通信设备、计算机及外设等应用场合的应用需求,STM32 单片机开发了基于不同 ARM Cortex-M 内核的 MCU 产品系列,如图 1.2 所示。

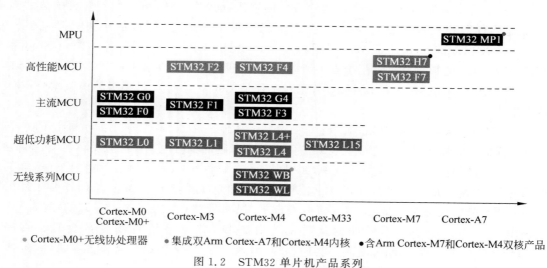

图 1.2　STM32 单片机产品系列

根据 STM32 单片机性能及适用场景不同,STM32 系列单片机分为主流 MCU、高性能 MCU、超低功耗 MCU、无线 MCU。针对高级嵌入式应用,意法半导体公司开发了 STM32 微处理器(MPU)。

1.2.1　STM32 单片机产品系列

1. 主流 STM32 单片机

主流 STM32 单片机主要面向实时控制应用,可满足不同领域和应用场合的大多数融合需求,并满足工程应用中对成本、开发周期、稳定性等需求。主流 STM32 单片机包括 STM32F0、STM32G0、STM32F1、STM32F3 和 STM32G4 共 5 个产品系列,每个产品系列针对不同适用市场又细分为多个子系列,每个子系列根据具备的功能特性及封装划分为多个具体型号的单片机供开发人员选择,以适合各种应用和市场。主流 STM32 单片机各系列之间高度兼容,可最大限度地实现代码重用,确保了衍生工程具有较短的开发周期。

2. 高性能 STM32 单片机

高性能 STM32 单片机是利用 ST 公司的新兴非易失性存储(Non-Volatile Memory, NVM)技术,集顶尖系统性能(面向代码执行、数据传输和数据处理的高性能)、高度集成(最大范围的嵌入式内存容量和高级外设)、高能效于一体的 32 位实时微控制器。高性能 STM32 单片机包括 STM32F2、STM32F4、STM32F7 和 STM32H7 等可兼容产品系列。

3. 超低功耗 STM32 单片机

超低功耗单片机主要面向电池供电或供电来自能量收集场合的便携式、低功耗实时控制应用。超低功耗 STM32 单片机包括 STM32L0、STM32L1、STM32L4、STM32L4+ 和 STM32L5 共 5 个产品系列,每个产品系列针对不同适用市场细分为多个子系列,每个子系列又根据具备的功能特性及封装划分为多个具体型号的低功耗单片机供开发人员选择。超低功耗 STM32L 系列与 STM32F 系列引脚高度兼容,可最大限度地实现代码重用,确保衍生工程具有较短的开发周期。

4. 无线通信 STM32 单片机

无线通信 STM32 单片机采用二合一架构,在同一芯片上集成了通用微控制器和无线电收发控制单元,主要面向工业和消费物联网(Internet of Things, IoT)领域中各种低功耗无线通信应用。无线通信 STM32 单片机包括 STM32WL 和 STM32WB 两个产品系列,分别采用不同的无线电协议,具有出色的低电流消耗和内置的安全特性,适用于 Sub-GHz 频段和 2.4GHz 频段的无线通信应用。

5. STM32 微处理器

STM32MP1 是基于 ARM Cortex-A7 和 ARM Cortex-M4 双内核架构的 STM32 微处理器,在实现高性能且灵活的多核架构、图像处理能力的基础上,还能保证低功耗的实时控制和高功能集成度。微处理器内的 Cortex-A7 内核支持开源操作系统(Linux/Android),Cortex-M4 内核完美沿用现有的 STM32 单片机生态系统,有助于开发者轻松实现各类开发应用。

1.2.2　STM32 单片机命名规则

STM32 单片机为满足不同场景的应用需要,开发出了汽车级、基础级、超低功耗、标准型、无线、高性能、主流型、微处理器等系列产品,每个系列又根据具体应用需要开发出了性能特性、引脚、闪存容量、封装、温度适用范围存在差异的一系列单片机供用户选择。不同性能特性的 STM32 芯片命名规则如图 1.3 所示。

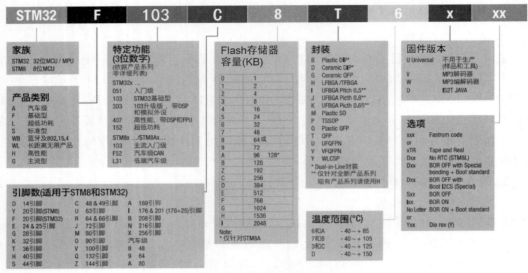

(a) STM32单片机命名规则

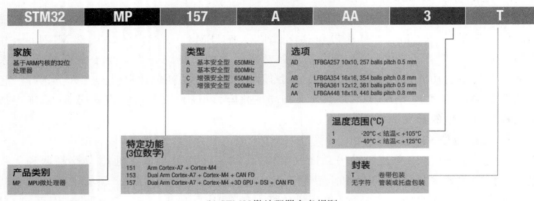

(b) STM32微处理器命名规则

图 1.3　STM32 系列芯片命名规则

图 1.3(a)是 STM32 单片机的命名规则,其型号命名分为 9 个字段,以 STM32F103C8T6XXX 为例进行说明。

(1) STM32——第 1 个字段,标明芯片所属的家族系列。STM32 表明芯片是基于 ARM Cortex 内核的 32 位单片机或微处理器。

(2) F——第 2 个字段,标明单片机所属的产品类别,分为 A(汽车级)、F(基础型)、L(超低功耗)、S(标准型)、W(无线)、H(高性能)、G(主流型)等。

(3) 103——第 3 个字段,标明所属产品类别的特定性能编码。如 103 表明芯片属于基础型单片机、051 表明芯片属于入门级单片机、407 表明芯片是带 DSP、FPU 单元的高性能单片机。

(4) C ——第 4 个字段,标明芯片封装引出的功能引脚数量,如 T 表明为 36 引脚,C 表明为 48 & 49 引脚,R 表明为 64 & 66 引脚,V 表明为 100 引脚,Z 表明为 144 引脚,I 表明为 176 & 201(176+25)引脚。

（5）8——第 5 个字段，标明芯片内部 Flash 存储器的容量，如 6 表明 32KB Flash，8 表明 64KB Flash，B 表明 128KB Flash，C 表明 256KB Flash，D 表明 384KB Flash，E 表明 512KB Flash，G 表明 1MB Flash。注意，不同闪存容量的芯片其内部可用资源不同，在选择闪存容量时，需要根据具体应用需要的功能资源、所需应用程序代码空间大小等进行选择。

（6）T——第 6 个字段，标明芯片的具体封装形式。如 T 为 QFP 封装（薄塑封四角扁平封装）。

（7）6——第 7 个字段，标明芯片适用的温度范围。可根据不同应用场景选择所需温度范围的芯片，如商业级 0～70℃、工业级－40～85℃或－40～105℃、汽车级－40～125℃、军用级－55～150℃。6 代表－40～85℃。

（8）X——第 8 个字段，标明芯片的固件版本。

（9）XX——第 9 个字段，标明芯片的额外信息，如芯片包装、生产年月等。

图 1.4（b）是 STM32 微处理器的命名规则，可参考 STM32 单片机的命名规则进行解析，此处不再赘述。

1.2.3 STM32F103 系列单片机的内部资源

STM32F103 系列单片机的内部资源具体如表 1.2 所示。

表 1.2 STM32F103 系列单片机内部资源

外 设		STM32F103Tx	STM32F103Cx		STM32F103Rx		STM32F103Vx	
Flash/KB		64	64	128	64	128	64	128
SRAM/KB		20	20		20		20	
定时器	通用	3	3		3		3	
	高级	1	1		1		1	
通信接口	SPI	1	2		2		2	
	I^2C	1	2		2		2	
	USART	2	3		3		3	
	USB	1	1		1		1	
	CAN	1	1		1		1	
GPIO 口		26	37		51		80	
12 位 ADC		2	2		2		2	
通道数		10	10		16		16	
CPU 频率		72MHz						
工作电压		2.0～3.6V						

1.3 嵌入式单片机的开发流程

1.3.1 常用的开发工具

1. 软件工具

（1）电路辅助设计软件。电路设计自动化（Electronic Design Automation，EDA）是指将电路设计中的各种工作交由计算机来协助完成，如电路原理图（Schematic）的绘制、印制电路板（PCB）文件的制作、执行电路仿真（Simulation）等设计工作。Altium Designer 是原

Protel 软件开发商 Altium 公司推出的一体化的电子产品开发系统,主要运行在 Windows 操作系统上。这套软件通过把原理图设计、电路仿真、PCB 绘制编辑、拓扑逻辑自动布线、信号完整性分析和设计输出等技术完美融合,为设计者提供了全新的电路设计解决方案。

(2)编程软件。一般单片机使用 C 语言编程,也有使用汇编语言编程的。常见的编程软件包括 Keil、MDK-ARM、IAR 等。其中 MDK-ARM 软件为基于 Cortex-M、Cortex-R4、ARM7、ARM9 等处理器设备提供了一个完整的开发编程环境。

(3)串口 ISP(In-System Programming)下载软件。ISP 是指无须将单片机从嵌入式设备上取出就能对其进行编程的技术。其优点是即使器件焊接在电路板上,仍可对其(重新)进行编程。在线系统可编程是 Flash 存储器的固有特性(通常无需额外的电路),Flash 基本采用这种方式编程。除了使用 JLINK 仿真下载器下载程序进单片机之外,还可以使用如图 1.4 所示的 USB 转 TTL 串口下载器,而与下载器配套使用的就是串口 ISP 下载软件,如 FlyMcu、mcuisp 等。

图 1.4　USB 转 TTL 串口下载器

2. 硬件工具

(1)烙铁和焊锡。使用烙铁和焊锡将电子元器件通过导线连接起来,或者将电子元器件固定到 PCB 板/万用板上。

(2)万用表。一般万用表可测量直流电流、直流电压、交流电压、电阻和音频电平等,有的还可以测量交流电流、电容量、电感量、温度及半导体(二极管、三极管)的一些参数。

(3)示波器。利用示波器能观察各种不同信号幅度随时间变化的波形曲线,还可以用它测试各种不同的电量,如电压、电流、频率、相位差、调幅度等。

(4)ISP 下载器。除了可以使用前面提到的 USB 转 TTL 串口下载器下载程序之外,ST32 系列的单片机还经常使用 STLINK、JLINK、ULINK 等下载并实时跟踪程序。

1.3.2　单片机的开发流程

单片机的开发基本遵循以下流程。

(1)需求分析。了解项目的总体要求,综合考虑系统使用环境、可靠性要求、可维护性及产品的成本等因素,制定出可行的性能指标。

(2)确定技术方案。综合考虑系统的实时性、可靠性、成本、设计难度等各方面因素,确定适当的技术方案。

(3)确定电子元器件型号。根据系统速度、精度、可靠性、工作环境等需求,选择最高性价比的单片机及其他主要电子元器件。

(4)硬件设计。根据总体设计需求及所选定的元器件,设计出系统的电路原理图、PCB板图等。

(5)软件设计。根据总体设计需求划分功能模块,编写各功能模块的程序。

(6)调试。有的型号的单片机可以使用 Proteus 进行仿真调试,在仿真调试期间可以不断修改软硬件设计,在仿真调试通过后再进行系统调试,即制作出实物电路板,接通电源及其他输入、输出设备,进行系统联调,直至调试成功。

(7)测试修改,用户试用。经测试功能完全实现,性能、可靠性满足要求,交付用户试用,对测试和试用期间的问题进行修改完善,最后完成整个开发过程。

1.4　单片机的学习方法

在学习单片机之前应该具有 C 语言编程基础和一些数字电路、模拟电路的基础知识。要想学好单片机,在学习的过程中注意把握下面几点。

(1) 多实践。一定要多动手、多焊板子、多写程序、多调试。不能只看例程和别人做的设计来学习单片机,一定要自己动手。因为设计中的很多东西是通过反复调试才确定下来的,设计的关键点在哪里,哪里需要特别注意,否则会出现什么问题,只是看是看不到的。而且工程能力中所包含的解决问题的能力也只能通过在实践中不断积累经验才能具备。

(2) 快速的学习能力。学习时要明确一点,大多数内容是不需要记住的,因为做开发时是可以查资料的。因此学习过程中首先要理解每个知识点的内容,其次要记住知识点的用途,最后需要用到的时候知道到哪里去查。学会利用百度、技术论坛等网络资源查找、获取所需单片机或外围元器件的数据手册、技术资料等。通过快速定位所需内容,学会如何快速阅读这些技术资料。

(3) 分析问题解决问题。在单片机的调试过程中,遇到问题了,要根据自己所学的理论知识,也就是原理去分析造成问题的可能原因,并能设计出实验方法来验证自己的猜想,最后确定造成问题的原因进而解决问题。

## 第 2 章

STM32 单片机的内部结构

本章首先介绍 STM32 的系统架构和存储器组织,并描述 STM32 位带操作的方法、启动方式的设置方法;其次介绍时钟系统中的时钟源、系统时钟(SYSCLK)、时钟安全系统(CSS)、RTC 时钟、独立看门狗时钟、外设时钟等;随后介绍 RCC 库函数,并在此基础上对系统时钟配置的步骤及实现方法进行介绍;最后详细介绍系统定时器 SysTick 的作用、SysTick 相关寄存器、SysTick 延时与定时应用。

2.1　系统架构和存储器组织

2.1.1　系统架构

由图 2.1 可知,STM32F103 单片机除了 Cortex-M3 内核外,还包括了存储器和片上外设,就是芯片内集成的外设。在这些外设中,除 DMA 挂接在 DMA 总线上之外,其余外设

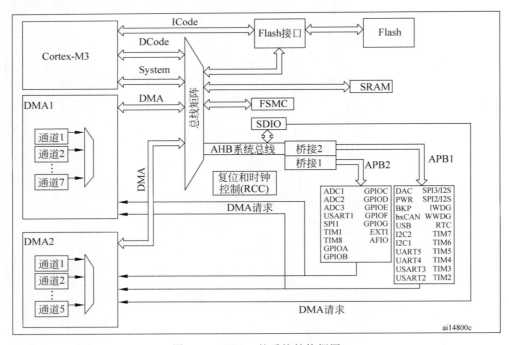

图 2.1　STM32 的系统结构框图

都挂接在与 AHB 总线相连的 APB1 总线或 APB2 总线上。

2.1.2 存储器组织

在计算机中,存储器编址是以字节为单位的,一个字节对应一个地址。STM32 的存储器编址也遵循这个规则,由于 STM32 是 32 位的,因此 1 个 32 位的字需要 4 字节存放,即 1 个字占用 4 个地址单元。作为 32 位单片机,STM32 支持最大的寻址空间是 4GB(2^{32}B),地址范围为 0x0000 0000~0xFFFF FFFF,各分区地址用途如表 2.1 所示。

表 2.1 存储器分区地址表

用　　途	地　址　范　围
代码区	0x0000 0000~0x1FFF FFFF （512MB）
SRAM 区	0x2000 0000~0x3FFF FFFF （512MB）
片上外设区	0x4000 0000~0x5FFF FFFF （512MB）
外部 RAM 区	0x6000 0000~0x9FFF FFFF （1024MB）
外部设备区	0xA000 0000~0xDFFF FFFF （1024MB）
私有外设区	0xE000 0000~0xE00F FFFF （1MB）
制造商自定义	0xE010 0000~0xFFFF FFFF （511MB）

由图 2.2 可见,地址空间中有 512MB 的代码区,Flash 存储器就在这个区中;有

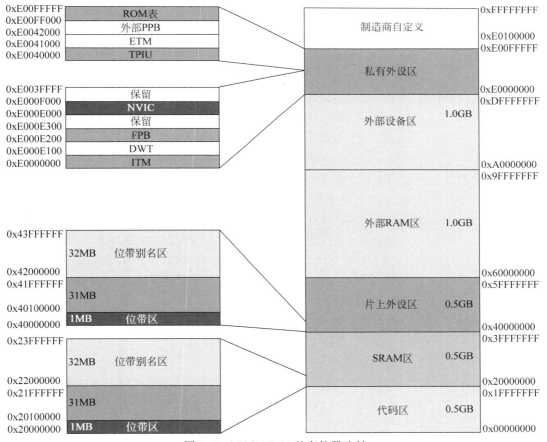

图 2.2 STM32F103 的存储器映射

512MB 的内部 SRAM 区,在这个区的起始处,地址从 0x2000 0000 开始;有一个 1MB 的位带区,该位带区对应一个地址从 0x2200 0000 起的 32MB 的位带别名(alias)区。

地址空间中还有 512MB 的片上外设(的寄存器)区,很多片上外设,比如定时器 TIM、AD 转换器 ADC 等寄存器就在这个区中。在这个区的底部,起始地址为 0x4000 0000 处,也有 1MB 的位带区,该位带区对应着一个起始地址为 0x4200 0000 的 32MB 的位带别名区。

地址空间中还有大小为 1GB 的外部 RAM 区和外部设备区,这部分没有位带。

最后剩下 512MB 的地址空间分配给了与 CM3 内核相关的系统组件、内部私有外设、外部私有外设及由芯片制造商自定义的系统外设。

2.1.3 位带操作

STM32 不允许进行单个二进制位的读/写操作,但很多时候,只需要读/写存储单元的某一位的值,这时如果只能对该位所在的字(32bit)进行读/写,效率较低。位带操作提供给用户一种技术手段,可以对单个二进制位进行读/写操作。

可以进行位带操作的有两个存储器区,分别在起始地址为 0x2000 0000 的内部 SRAM 区的低 1MB,和起始地址为 0x4000 0000 的片上外设区的低 1MB。这两个区的存储单元除了可以像普通 RAM 一样使用外,还可以通过位带操作,对这两个区中的单个二进制位进行读/写操作。

概括地说,具体方法就是位带区中的每一位都映射成位带别名区中的一个 32 位字。通过对位带别名区中这个字的读/写操作(如赋值 1 或赋值 0)就达到了对这个字所对应的位带区中的位读/写(如置 1 或清 0)操作的目的(位带别名区中只有 LSB,就是最低位有效)。

对 SRAM 位带区的某个二进制位,记它所在字节地址为 A,在该字节中的位序号为 $n(0 \leqslant n \leqslant 7)$,则该二进制位在别名区的地址为:

$$AliasAddr = 0x22000000 + ((A - 0x20000000) \times 8 + n) \times 4$$
$$= 0x22000000 + (A - 0x20000000) \times 32 + n \times 4 \tag{2-1}$$

类似地,对片上外设位带区的某个二进制位,记它所在字节地址为 A,在该字节中的位序号为 $n(0 \leqslant n \leqslant 7)$,则该二进制在别名区的地址为:

$$AliasAdrr = 0x42000000 + ((A - 0x40000000) \times 8 + n) \times 4$$
$$= 0x42000000 + (A - 0x40000000) \times 32 + n \times 4 \tag{2-2}$$

计算机中内存编址是以字节为单位进行编址,即一个字节对应一个地址,式(2-1)中 $(A - 0x20000000)$ 是计算位带区中地址为 A 的字节单元距离位带区起始字节之间的字节数。由于位带区中 1 个二进制位对应别名区的一个字(32bit),即 4 字节(4×8bit)。位带区中一个字节是 8 位,对应到别名区就是 8×4=32 字节,即该位带区地址为 A 的字节映射到别名区的字节单元距离别名区起始字节之间有 $(A - 0x20000000) \times 32$ 字节。所以与 A 地址字节单元对应的别名区的 32 字节的起始地址(32 个地址中的最小地址)为:0x22000000 + $(A - 0x20000000) \times 32$,因为位带区中一个二进制位对应别名区中的 4 个字节,所以 A 地址字节单元中序号为 n 的位所对应的别名区中的地址的值还要在刚才算式的基础上加上 n×4,即得到式(2-1)。由图 2.3(b)中可以清楚地看到,位带区的一个位对应别名区中的 4 字节,所以下一个位所对应的别名区字节单元地址比前一个地址大 4。

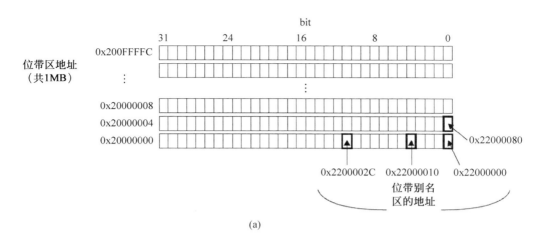

(a)

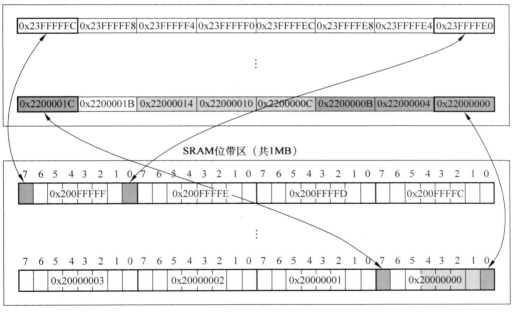

(b)

图 2.3　位带区与位带别名区映射关系图

2.1.4　启动设置

　　程序可以存放在代码区中的 Flash 存储区、系统存储区和 SRAM 存储区。其中 Flash 存储区一般存放用户功能程序代码,系统存储区在单片机出厂时已固化为厂家提供的 ISP Bootloader 程序(用户不能修改),SRAM 存储区只能带电存储程序代码(掉电会丢失)。STM32F103 系列单片机通过 BOOT0 和 BOOT1 引脚上的电平控制系统可以从 3 个代码存储区(Flash 存储区、系统存储区和 SRAM 存储区)中的任意一个启动,具体启动模式选择如表 2.2 所示。

表 2.2　启动模式选择设置说明(表中 x 为任意状态,其值为 0 或 1)

引　　脚		启 动 模 式	说　　　明
BOOT1	BOOT0		
x	0	Flash 存储区	用户模式,用于正常程序运行(常用模式)
0	1	系统存储区	1. ISP 编程模式,用于 ISP 编程; 2. 该区固化了厂家的 ISP Bootloader 程序,用于通过 USART1 对闪存进行重新编程
1	1	SRAM 存储区	一般用于程序调试

其中,ISP 串口下载程序时使用的启动模式就是"系统存储区"启动模式,BOOT1 接低电平,BOOT0 接高电平;程序下载成功后,需要以"Flash 存储区"启动模式运行,因此需要将 BOOT0 接回低电平后复位一次。

2.2　时钟系统

2.2.1　时钟

单片机是一种集成电路芯片,内部有许多时序逻辑电路,每一个时序逻辑电路由若干个需要用到时钟的元件(如通常用来配置输入输出的 D 触发器)构成,同时单片机的片上外设(如 USART、Timer、SPI、I²C、ADC 等)也会用到时钟来控制其工作,所以单片机工作需要时钟信号。多数 51 单片机(如 8051、C8051F、STC89C52、AT89C52)只有一个系统时钟,一旦开启,单片机内部各功能单元共用该时钟,且时钟频率保持一致。采用单一系统时钟的好处是在使用时不需要配置时钟,缺点是所有功能单元即使未使用也一直运行,不能关闭未用功能单元以降低功耗。

STM32 单片机属于高级低功耗单片机,其片上外设丰富,但不是所有外设都使用同一时钟频率工作。如 Cortex-M 内核采用较高时钟频率,可以提高指令执行速度;独立看门狗 IWDG、RTC 只需 32.768kHz 的时钟频率即可工作;GPIO、ADC、Timer、SPI、I²C 等外设各自的工作频率也不一样,并不需要系统时钟那么高的频率。由于各功能单元时钟频率不一致,所以内部时钟源就需要有多种选择。另外,STM32 单片机外设丰富,但在实际应用时仅会用到有限的几个外设,为降低功耗,各外设的时钟均设置了使能开关(所有外设时钟默认均是关闭的),在使用外设时打开时钟开关启动外设工作,不使用外设时关闭时钟开关停用外设,这样功耗就会降到最低,保持低功耗运行。为了兼容不同工作速度的功能单元及片上外设,实现低功耗,提高抗电磁干扰能力,便出现了具有多时钟源的 STM32 时钟系统(又称为时钟树),如图 2.4 所示。STM32 时钟系统相对比较复杂,但很好理解。

STM32 时钟系统主要目的就是给相对独立的外设单元提供时钟,以适应更多的应用需求。从时钟系统框图中心位置的系统时钟 SYSCLK 为起点,左边部分是设置系统时钟使用哪个时钟源的功能单元,右边部分是系统时钟通过 AHB 预分频器产生 AHB 总线时钟,再给挂接在 AHB 总线上的外设设置相应的工作时钟的功能单元。从左到右可以简单理解为"时钟源→系统时钟来源设置→外设时钟设置"三部分,具体描述如下。

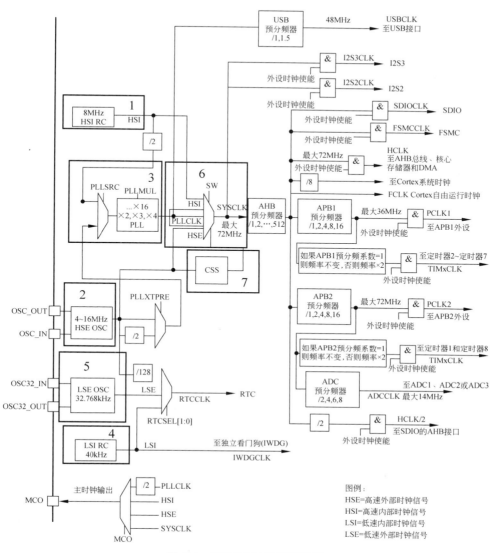

图 2.4　STM32 时钟系统框图

1. 高速内部时钟

高速内部(High Speed Internal,HSI)时钟信号由内部 8MHz 的 RC 振荡器产生,可直接作为系统时钟、Flash 编程器接口时钟或在 2 分频后作为 PLL 输入。HSI RC 振荡器能够在不需要任何外部器件的条件下提供系统时钟,并且它的启动时间比高速外部(High Speed External,HSE)晶体振荡器短。然而,HSI 时钟即使在校准之后的时钟频率精度仍较差,精度典型值是 1%,最差值是 2.5%,仅适用于时钟频率精度要求不高的应用场合。

2. 高速外部时钟

HSE 时钟是指在芯片外部外接的石英晶体/陶瓷谐振器,或者接外部时钟源,其频率范围为 4~16MHz。HSE 时钟可直接作为系统时钟,可直接或在 2 分频后作为 PLL 输入,可在 128 分频后作为 RTC 时钟。HSE 时钟可为系统提供更为精确的主时钟,适用于时钟源频率精度要求高的应用场合。

3. 锁相环时钟

锁相环（Phase-Locked Loop，PLL）是一种反馈控制电路，其作用是利用外部输入的参考信号控制环路内部振荡信号的频率和相位，如实现信号同步、信号倍频等。因锁相环可以实现输出信号频率自动跟踪输入信号频率，所以在需要高频时钟时，可由低频时钟经锁相环环路进行倍频，以获得稳定的高频时钟信号。

STM32 时钟系统内嵌的 PLL 为锁相环倍频输出单元，可对输入的 HSI/2、HSE 或者 HSE/2 低频时钟进行倍频，倍频后的高频时钟可作为系统时钟的时钟源。PLL 锁相环倍频因子可选择为 2～16，但是 STM32F103 的 PLL 的最大输出频率不得超过 72MHz。当 HSI/2 被用于 PLL 时钟的输入时，系统时钟能得到的最大频率是 64MHz。HSI 的频率会随环境温度和环境情况产生漂移。在某些应用环境下可能会存在较大的误差，一般不作为 PLL 的时钟来源。如果需要在应用中使用 USB 接口，那么 PLL 输出时钟必须被设置为 48MHz 或 72MHz 时钟，用于提供 48MHz 的 USBCLK 时钟。

4. 低速内部时钟

低速内部（Low Speed Internal，LSI）时钟信号由内部 40kHz RC 振荡器产生，频率大约为 40kHz（30～60kHz，典型值为 40kHz），可供独立看门狗 IWDG 和 RTC 使用，并且独立看门狗只能使用 LSI 时钟。LSI RC 是一个低功耗时钟源，可以在停机和待机模式下保持运行，为独立看门狗和自动唤醒单元提供时钟。

5. 低速外部时钟

低速外部（Low Speed External，LSE）时钟信号仅作为内部 RTC 时钟源。可在芯片外部外接 32.768kHz 石英晶体/陶瓷谐振器，或者接 32.768kHz 外部时钟源。LSE 时钟可为 RTC 提供精确的时钟，适用于 RTC 时钟精度要求高的应用场合。

6. 系统时钟

系统时钟（SYSCLK）是处理器运行的时间基准，为 STM32 单片机内部大部分功能单元提供工作时钟。从时钟系统框图中截取出的 SYSCLK 时钟源构成如图 2.5 所示。PLLCLK 为 PLL 倍频输出时钟，由 HSI/2、HSE、HSE/2 经 PLLMUL 倍频而来。实际应用中通常选择外部 8MHz HSE 再经 PLL 倍频后作为系统时钟。STM32F103 系列单片机 SYSCLK 最大频率为 72MHz，其他系列 STM32 单片机因内核、结构而异，但也存在一个上限频率。

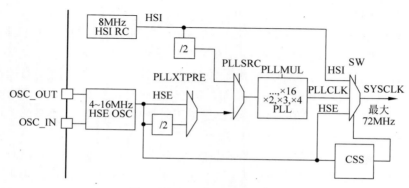

图 2.5　SYSCLK 时钟源构成

7. 时钟安全系统(CSS)

在实际应用中,经常出现由于晶体振荡器在运行中失去作用造成单片机时钟源丢失而出现死机现象,导致系统出错。在 STM32 单片机中,为解决 HSE OSC 失效而丢失 SYSCLK 时钟的问题,采用 HSE 和 HSI 双时钟机制,并引入时钟安全系统(Clock Security System,CSS),如图 2.5 所示。当 HSE OSC 失效时,CSS 可以自动将 SYSCLK 时钟切换到 HSI 时钟,以保证系统正常运行。

8. 独立看门狗和 RTC 时钟

STM32 单片机有两个看门狗: 一个是独立看门狗 IWDG,另一个是窗口看门狗 WWDG。两者的功能是类似的,只是喂狗的限制时间及时钟源不同。独立看门狗实际是一个 12 位的递减计数器,当计数器的值从某个值 x(x 由相关寄存器决定)一直减到 0 的时候,会产生一个 IWDG RESRT 复位信号。如果总是在计数没减到 0 之前,就重新刷新了计数器的值,那么就不会产生复位信号,这个动作就是经常说的喂狗。IWDG 的时钟源如图 2.6 所示,仅由 40kHz 的 LSI 时钟提供。如果独立看门狗已经由硬件选项或软件启动,那么 LSI RC 振荡器将被强制在打开状态,并且不能被关闭。在 LSI RC 振荡器稳定后,供应给 IWDG 时钟。

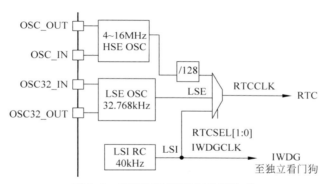

图 2.6　IWDG 和 RTC 时钟源构成

STM32 单片机集成了一个实时时钟(Real Time Clock,RTC)功能单元,是一个独立的定时器/计数器,用于精密计时器、闹钟、时间戳等应用。RTC 单元可选择 HSE/128、LSE、LSI 3 个时钟之一作为时钟源,具体选择需要通过备份域控制寄存器 RCC_BDCR 中的 RTCSEL[1:0]位进行配置,如图 2.6 所示。

9. 时钟输出 MCO

STM32 单片机允许输出时钟信号到芯片的 MCO(Micro-controller Clock Output)引脚(相应 GPIO 端口寄存器必须被配置为 MCO 功能引脚),对外输出固定频率的时钟信号,如图 2.7 所示。输出 MCO 时钟可以是 SYSCLK 时钟、HSI 时钟、HSE 时钟、PLLCLK/2 时钟之一,时钟源的选择由时钟配置寄存器 RCC_CFGR 中的 MCO[2:0]位控制。另外,可以利用示波器监控 MCO 引脚的时钟输出来验证系统时钟配置是否正确。

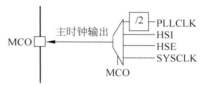

图 2.7　时钟输出 MCO

10. 外设时钟

STM32 单片机的外设众多,除 Flash 编程接口和 USB 接口外,其余外设功能单元的时钟均由系统时钟 SYSCLK 提供,如图 2.8 所示。

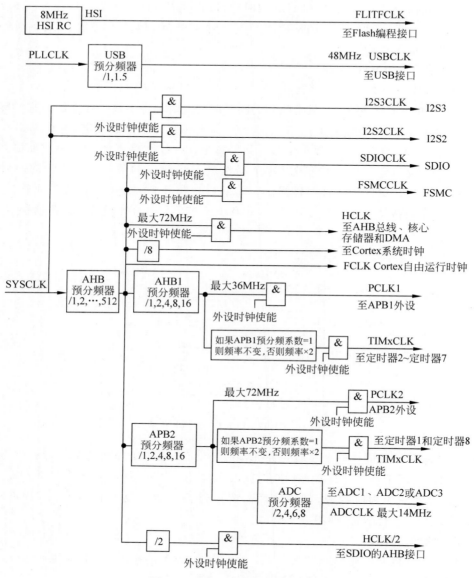

图 2.8　STM32 外设时钟源构成

1）Flash 编程接口和 USB 接口时钟

Flash 编程接口时钟 FLITFCLK 始终来自 HSI 时钟,因此在单片机上电时即可对芯片的 Flash 进行编程。

STM32 单片机带一个全速功能的 USB 接口模块,其串行接口引擎需要一个频率为 48MHz 的时钟源 USBCLK。该时钟源只能由 PLL 输出的 PLLCLK 提供(唯一提供源),即当需要使用 USB 接口时,PLL 倍频器必须使能。USB 串行接口引擎需要的 48MHz 由

PLLCLK 经 USB 预分频器(分频系数为 1 或 1.5)分频后得到,因此,PLLCLK 时钟频率必须配置为 48MHz 或 72MHz。USB 串行接口引擎对时钟精度要求比较高,所以 PLLCLK 只能由 HSE 倍频得到,不能使用 HSI 倍频。

2)I^2S 外设时钟

I^2S(Inter-IC Sound)是飞利浦公司针对数字音频设备(如 CD 播放器、数码音效处理器、数字电视音响系统)之间音频数据传输定义的数字音频传输标准。STM32 单片机集成了 I^2S 接口协议,接口时钟由系统时钟 SYSCLK 直接提供。

3)AHB 总线时钟

系统时钟 SYSCLK 通过 AHB 分频器分频后得到 AHB 总线时钟,再送给各模块使用。AHB 分频器可选择 1、2、4、8、16、64、128、256、512 分频,由时钟配置寄存器 RCC_CFGR 中的 HPRE[3:0]位配置。AHB 总线时钟分别送给八大模块使用。

(1)直接送给安全数字输入输出(Secure Digital Input and Output,SDIO)接口使用的 SDIOCLK 时钟。

(2)直接送给灵活静态存储器控制器(Flexible Static Memory Controller,FSMC)使用的 FSMCCLK 时钟。

(3)内核总线:AHB 总线、内核、内存和 DMA 使用的 HCLK 时钟。

(4)通过 8 分频后送给 Cortex 系统定时器(SysTick 系统定时器)使用的 SysTickCLK 时钟。

(5)直接送给 Cortex 空闲自由运行时钟(Free Running Clock,FCLK)。

(6)2 分频后送给 SDIO AHB 接口总线使用的时钟 HCLK/2。

(7)送给 APB1 预分频器,得到 APB1 总线时钟,APB1 分频器可选择 1、2、4、8、16 分频。STM32F103 系列单片机的 APB1 总线时钟最大频率为 36MHz。

(8)送给 APB2 预分频器,得到 APB2 总线时钟,APB2 分频器可选择 1、2、4、8、16 分频。STM32F103 系列单片机的 APB2 总线时钟最大频率为 72MHz。

4)APB1 总线时钟

经 APB1 预分频器后得到的 APB1 总线时钟分成两路:一路送给挂接在 APB1 总线上的低速外设(包括电源接口、备份接口、CAN、USB、I^2C1、I^2C2、USART2、USART3、SPI2、WWDG 等)使用的 PCLK1 时钟;另一路经 1 或 2 倍频后送给通用定时器(Timer2～Timer7)使用的 TIMXCLK 时钟。需要注意的是,若 APB1 预分频器的分频系数为 1,则定时器倍频器的倍频因子为 ×1(即 TIMxCLK=PCLK1×1),否则为 ×2(即 TIMxCLK=PCLK1×2)。

5)APB2 总线时钟

经 APB2 预分频器后分得到的 APB2 总线时钟分成 3 路:一路送给挂接在 APB2 总线上的高速外设(包括 USART1、SPI1、Timer1、ADC、GPIO、EXTI 等)使用的 PCLK2 时钟;一路经 1 或 2 倍频后送给高级定时器(Timer1、Timer8 等)使用的 TIMxCLK 时钟;一路经 ADC 预分频器进行 2、4、6、8 分频后送给 ADC1/2/3 使用的 ADCCLK 时钟。ADC 最大频率为 14MHz。需要注意的是,若 APB2 预分频器的分频系数为 1,则定时器倍频器的倍频因子为 1(即 TIMxCLK=PCLK2×1),否则为 2(即 TIMxCLK=PCLK2×2)。

外设时钟输出多数带有使能控制,如 SDIOCLK、FSMCCLK、HCLK、APB1 外设、

APB2 外设等。当需要使用外设单元时，需要先使能对应的时钟才能使用该功能单元，否则该外设不工作；当不使用某外设单元时，需要把它的时钟关闭，从而降低系统功耗。

2.2.2　时钟控制库函数

通过 RCC 单元寄存器操作实现 STM32 时钟系统的配置，非常复杂，需要随时查阅寄存器的具体定义。为简化编程，ST 公司针对 STM32F1 系列单片机的全部外设提供了固件库函数来对外设进行访问，此时不需要关心片内外设寄存器的地址和各位的含义，而是通过固件库定义的见名知其义的常量和函数调用直接访问。固件库函数实际是对外设寄存器访问的二次封装，对外提供见名知其义的 API 函数接口，其内部具体实现是寄存器直接访问。固件库函数文件都是 C 程序代码，常量定义和函数声明位于 *.h 头文件中，函数实现位于 *.c 源文件中。

与 RCC 相关的库函数文件是 stm32f10x_rcc.h 和 stm32f10x_rcc.c。在利用固件库建立项目工程时，将 stm32f10x_rcc.h 和 stm32f10x_rcc.c 添加到工程中即可直接调用所定义的函数进行 RCC 操作。

部分 RCC 库函数说明如表 2.3 所示，其他函数请查阅 stm32f10x_rcc.h 和 stm32f10x_rcc.c 文件。

表 2.3　RCC 库函数

序号	函　数　名	描　　述
1	RCC_DeInit	将外设 RCC 寄存器重设为默认值（复位值）
2	RCC_HSEConfig	设置高速外部晶振（HSE）
3	RCC_WaitForHSEStartUp	等待 HSE 起振
4	RCC_AdjustHSICalibrationValue	调整高速内部晶振（HSI）校准值
5	RCC_HSICmd	使能或者失能高速内部晶振（HSI）
6	RCC_PLLConfig	设置 PLL 时钟源及倍频系数
7	RCC_PLLCmd	使能或者失能 PLL
8	RCC_SYSCLKConfig	设置系统时钟（SYSCLK）
9	RCC_GetSYSCLKSource	返回用作系统时钟的时钟源
10	RCC_HCLKConfig	设置 AHB 时钟（HCLK）
11	RCC_PCLK1Config	设置低速 APB1 总线时钟（PCLK1）
12	RCC_PCLK2Config	设置高速 APB2 总线时钟（PCLK2）
13	RCC_ITConfig	使能或者失能指定的 RCC 中断
14	RCC_USBCLKConfig	设置 USB 时钟（USBCLK）
15	RCC_ADCCLKConfig	设置 ADC 时钟（ADCCLK）
16	RCC_LSEConfig	设置低速外部晶振（LSE）
17	RCC_LSICmd	使能或者失能低速内部晶振（LSI）
18	RCC_RTCCLKConfig	设置 RTC 时钟（RTCCLK）
19	RCC_RTCCLKCmd	使能或者失能 RTC 时钟
20	RCC_GetClocksFreq	返回不同片上时钟的频率
21	RCC_AHBPeriphClockCmd	使能或者失能 AHB 外设
22	RCC_APB2PeriphClockCmd	使能或者失能 APB2 外设时钟

续表

序号	函　数　名	描　　述
23	RCC_APB1PeriphClockCmd	使能或者失能 APB1 外设时钟
24	RCC_APB2PeriphResetCmd	强制或者释放高速 APB(APB2)外设复位
25	RCC_APB1PeriphResetCmd	强制或者释放低速 APB(APB1)外设复位
26	RCC_BackupResetCmd	强制或者释放后备域复位
27	RCC_ClockSecuritySystemCmd	使能或者失能时钟安全系统
28	RCC_MCOConfig	选择在 MCO 引脚上输出的时钟源
29	RCC_GetFlagStatus	检查指定的 RCC 标志位设置与否
30	RCC_ClearFlag	清除 RCC 的复位标志位
31	RCC_GetITStatus	检查指定的 RCC 中断发生与否
32	RCC_ClearITPendingBit	清除 RCC 的中断待处理位

（1）表 2.4 所示为函数 RCC_DeInit()的描述。

表 2.4　函数 RCC_DeInit()描述

函数名	RCC_DeInit
函数原型	void RCC_DeInit(void)
功能描述	将外设 RCC 寄存器重设为默认值
输入参数	无
输出参数	无
返回值	无
先决条件	无
被调用函数	无

（2）表 2.5 所示为 RCC_HSEConfig()的描述，参数 RCC_HSE 取值见表 2.6。

表 2.5　函数 RCC_HSEConfig()描述

函数名	RCC_HSEConfig
函数原型	void RCC_HSEConfig(u32 RCC_HSE)
功能描述	设置高速外部晶振(HSE)
输入参数	RCC_HSE：HSE 新状态
输出参数	无
返回值	无
先决条件	如果 HSE 被直接或者通过 PLL 用于系统时钟，那么它不能被停振
被调用函数	无

表 2.6　RCC_HSE 取值

RCC_HSE 的值	描　　述
RCC_HSE_OFF	HSE 晶振 OFF
RCC_HSE_ON	HSE 晶振 ON
RCC_HSE_Bypass	HSE 晶振被外部时钟旁路

使能 HSE 时钟的代码如下：

```
RCC_HSEConfig(RCC_HSE_ON);
```

（3）函数 RCC_WaitForHSEStartUp() 的描述见表 2.7。

表 2.7 函数 RCC_WaitForHSEStartUp() 描述

函数名	RCC_WaitForHSEStartUp
函数原型	ErrorStatus RCC_WaitForHSEStartUp(void)
功能描述	等待 HSE 起振，该函数将等到 HSE 就绪，或者在超时的情况下退出
输入参数	无
输出参数	无
返回值	一个 ErrorStatus 枚举值，SUCCESS：HSE 晶振稳定且就绪；ERROR：HSE 晶振未就绪
先决条件	无
被调用函数	无

使用函数 RCC_WaitForHSEStartUp() 的代码如下：

```
ErrorStatus HSEStartUpStatus;
/* Enable HSE */
RCC_HSEConfig(RCC_HSE_ON);
/* Wait till HSE is ready and if Time out is reached exit */
HSEStartUpStatus = RCC_WaitForHSEStartUp();
if(HSEStartUpStatus == SUCCESS)
 {
/* Add here PLL as system clock config */
 }
else
 {
/* Add here some code to deal with this error */
 }
```

（4）函数 RCC_PLLConfig() 的描述见表 2.8。其中，参数 RCC_PLLSource 设置 PLL 的输入时钟源，表 2.9 给出了该参数可取的值；参数 RCC_PLLMul 设置 PLL 的倍频系数，表 2.10 给出了该参数可取的值。

表 2.8 函数 RCC_PLLConfig() 描述

函数名	RCC_PLLConfig
函数原型	void RCC_PLLConfig(u32 RCC_PLLSource, u32 RCC_PLLMul)
功能描述	设置 PLL 时钟源及倍频系数
输入参数 1	RCC_PLLSource：PLL 的输入时钟源
输入参数 2	RCC_PLLMul：PLL 倍频系数
输出参数	无
返回值	无
先决条件	无
被调用函数	无

表 2.9　RCC_PLLSource 取值

RCC_PLLSource 的值	描　述
RCC_PLLSource_HSI_Div2	PLL 的输入时钟＝HSI 时钟频率/2
RCC_PLLSource_HSE_Div1	PLL 的输入时钟＝HSE 时钟频率
RCC_PLLSource_HSE_Div2	PLL 的输入时钟＝HSE 时钟频率/2

表 2.10　RCC_PLLMul 取值

RCC_PLLMul 的值	描　述	RCC_PLLMul 的值	描　述
RCC_PLLMul_2	PLL 输入时钟×2	RCC_PLLMul_10	PLL 输入时钟×10
RCC_PLLMul_3	PLL 输入时钟×3	RCC_PLLMul_11	PLL 输入时钟×11
RCC_PLLMul_4	PLL 输入时钟×4	RCC_PLLMul_12	PLL 输入时钟×12
RCC_PLLMul_5	PLL 输入时钟×5	RCC_PLLMul_13	PLL 输入时钟×13
RCC_PLLMul_6	PLL 输入时钟×6	RCC_PLLMul_14	PLL 输入时钟×14
RCC_PLLMul_7	PLL 输入时钟×7	RCC_PLLMul_15	PLL 输入时钟×15
RCC_PLLMul_8	PLL 输入时钟×8	RCC_PLLMul_16	PLL 输入时钟×16
RCC_PLLMul_9	PLL 输入时钟×9		

使用函数 RCC_PLLConfig()的代码如下：

```
/* Set PLL clock output to 72MHz using HSE (8MHz) as entry clock */
RCC_PLLConfig(RCC_PLLSource_HSE_Div1, RCC_PLLMul_9);
```

（5）函数 RCC_PLLCmd()的描述见表 2.11。

表 2.11　函数 RCC_PLLCmd()描述

函数名	RCC_PLLCmd
函数原型	void RCC_PLLCmd (FunctionalState NewState)
功能描述	使能或者失能 PLL
输入参数	NewState：PLL 新状态，这个参数可以取 ENABLE 或者 DISABLE
输出参数	无
返回值	无
先决条件	如果 PLL 被用于系统时钟，那么它不能被失能
被调用函数	无

（6）函数 RCC_SYSCLKConfig()的描述见表 2.12，参数 RCC_SYSCLKSource 取值见表 2.13。

表 2.12　函数 RCC_SYSCLKConfig()描述

函数名	RCC_SYSCLKConfig
函数原型	void RCC_SYSCLKConfig(u32 RCC_SYSCLKSource)
功能描述	设置系统时钟（SYSCLK）
输入参数	RCC_SYSCLKSource：该参数设置系统时钟的时钟源
输出参数	无
返回值	无
先决条件	无
被调用函数	无

表 2.13   RCC_SYSCLKSource 取值

RCC_SYSCLKSource 的值	描　述
RCC_SYSCLKSource_HSI	选择 HSI 作为系统时钟源
RCC_SYSCLKSource_HSE	选择 HSE 作为系统时钟源
RCC_SYSCLKSource_PLLCLK	选择 PLLCLK 作为系统时钟源

（7）函数 RCC_HCLKConfig() 的描述见表 2.14，参数 RCC_HCLK 取值见表 2.15。

表 2.14   函数 RCC_HCLKConfig() 描述

函数名	RCC_HCLKConfig
函数原型	void RCC_HCLKConfig(u32 RCC_HCLK)
功能描述	设置 AHB 总线时钟（HCLK）
输入参数	RCC_HCLK：定义 HCLK，该时钟源来自系统时钟（SYSCLK）
输出参数	无
返回值	无
先决条件	无
被调用函数	无

表 2.15   RCC_HCLK 取值

RCC_HCLK 的值	描　述	RCC_HCLK 的值	描　述
RCC_SYSCLK_Div1	AHB 时钟＝SYSCLK	RCC_SYSCLK_Div64	AHB 时钟＝SYSCLK/64
RCC_SYSCLK_Div2	AHB 时钟＝SYSCLK/2	RCC_SYSCLK_Div128	AHB 时钟＝SYSCLK/128
RCC_SYSCLK_Div4	AHB 时钟＝SYSCLK/4	RCC_SYSCLK_Div256	AHB 时钟＝SYSCLK/256
RCC_SYSCLK_Div8	AHB 时钟＝SYSCLK/8	RCC_SYSCLK_Div512	AHB 时钟＝SYSCLK/512
RCC_SYSCLK_Div16	AHB 时钟＝SYSCLK/16		

（8）函数 RCC_PCLK1Config() 的描述见表 2.16，参数 RCC_PCLK1 取值见表 2.17。函数 RCC_PCLK2Config() 的与此类似。

表 2.16   函数 RCC_PCLK1Config() 描述

函数名	RCC_PCLK1Config
函数原型	void RCC_PCLK1Config(u32 RCC_PCLK1)
功能描述	设置低速 APB1 总线时钟（PCLK1）
输入参数	RCC_PCLK1：定义 PCLK1，该时钟源来自 AHB 时钟（HCLK）
输出参数	无
返回值	无
先决条件	无
被调用函数	无

表 2.17   RCC_PCLK1 取值

RCC_PCLK1 的值	描　述	RCC_PCLK1 的值	描　述
RCC_HCLK_Div1	APB1 时钟＝HCLK	RCC_HCLK_Div8	APB1 时钟＝HCLK/8
RCC_HCLK_Div2	APB1 时钟＝HCLK/2	RCC_HCLK_Div16	APB1 时钟＝HCLK/16
RCC_HCLK_Div4	APB1 时钟＝HCLK/4		

（9）函数 RCC_AHBPeriphClockCmd（）的描述见表 2.18，参数 RCC_AHBPeriph 取值见表 2.19。

表 2.18　函数 RCC_AHBPeriphClockCmd（）描述

函数名	RCC_AHBPeriphClockCmd
函数原型	void RCC_AHBPeriphClockCmd(u32 RCC_AHBPeriph，FunctionalState NewState)
功能描述	使能或者失能 AHB 外设时钟
输入参数 1	RCC_AHBPeriph：门控 AHB 外设时钟
输入参数 2	NewState：指定外设时钟的新状态，参数可以取：ENABLE 或者 DISABLE
输出参数	无
返回值	无
先决条件	无
被调用函数	无

表 2.19　RCC_AHBPeriph 取值

RCC_AHBPeriph 的值	描　　述	RCC_AHBPeriph 的值	描　　述
RCC_AHBPeriph_DMA1	DMA1 时钟	RCC_AHBPeriph_FLITF	FLITF 时钟
RCC_AHBPeriph_DMA2	DMA1 时钟	RCC_AHBPeriph_CRC	CRC 时钟
RCC_AHBPeriph_SRAM	SRAM 时钟		

注：SRAM 和 FLITF 时钟只能在睡眠（SLEEP）模式下被失能。

（10）函数 RCC_APB2PeriphClockCmd（）的描述见表 2.20。参数 RCC_APB2Periph 取值见表 2.21，可以取其中的一个或者多个取值的组合作为该参数的值。

表 2.20　函数 RCC_APB2PeriphClockCmd（）描述

函数名	RCC_APB2PeriphClockCmd
函数原型	void RCC_APB2PeriphClockCmd(u32 RCC_APB2Periph，FunctionalState NewState)
功能描述	使能或者失能 APB2 外设时钟
输入参数 1	RCC_APB2Periph：门控 APB2 外设时钟
输入参数 2	NewState：指定外设时钟的新状态，参数可以取 ENABLE 或者 DISABLE
输出参数	无
返回值	无
先决条件	无
被调用函数	无

表 2.21　RCC_APB2Periph 取值

RCC_APB2Periph 的值	描　　述	RCC_APB2Periph 的值	描　　述
RCC_APB2Periph_AFIO	功能复用 IO 时钟	RCC_APB2Periph_SPI1	SPI1 时钟
RCC_APB2Periph_GPIOA	GPIOA 时钟	RCC_APB2Periph_USART1	USART1 时钟
RCC_APB2Periph_GPIOB	GPIOB 时钟	RCC_APB2Periph_TIM1	TIM1 时钟
RCC_APB2Periph_GPIOC	GPIOC 时钟	RCC_APB2Periph_TIM8	TIM8 时钟
RCC_APB2Periph_GPIOD	GPIOD 时钟	RCC_APB2Periph_TIM15	TIM15 时钟
RCC_APB2Periph_GPIOE	GPIOE 时钟	RCC_APB2Periph_TIM16	TIM16 时钟

RCC_APB2Periph 的值	描 述	RCC_APB2Periph 的值	描 述
RCC_APB2Periph_GPIOF	GPIOF 时钟	RCC_APB2Periph_TIM17	TIM17 时钟
RCC_APB2Periph_GPIOG	GPIOG 时钟	RCC_APB2Periph_TIM9	TIM9 时钟
RCC_APB2Periph_ADC1	ADC1 时钟	RCC_APB2Periph_TIM10	TIM10 时钟
RCC_APB2Periph_ADC2	ADC2 时钟	RCC_APB2Periph_TIM11	TIM11 时钟
RCC_APB2Periph_ADC3	ADC3 时钟		

使用函数 RCC_APB2PeriphClockCmd()的代码如下:

```
/* Enable GPIOA, GPIOB and SPI1 clocks */
RCC_APB2PeriphClockCmd(RCC_APB2Periph_GPIOA | RCC_APB2Periph_GPIOB |
RCC_APB2Periph_SPI1, ENABLE);
```

(11) 函数 RCC_APB1PeriphClockCmd()的描述见表 2.22。参数 RCC_APB1Periph 取值见表 2.23,可以取其中的一个或者多个取值的组合作为该参数的值。

表 2.22　函数 RCC_APB1PeriphClockCmd()描述

函数名	RCC_APB1PeriphClockCmd
函数原型	void RCC_APB1PeriphClockCmd(u32 RCC_APB1Periph,FunctionalState NewState)
功能描述	使能或者失能 APB1 外设时钟
输入参数 1	RCC_APB1Periph:门控 APB1 外设时钟
输入参数 2	NewState:指定外设时钟的新状态,参数可以取 ENABLE 或者 DISABLE
输出参数	无
返回值	无
先决条件	无
被调用函数	无

表 2.23　RCC_APB1Periph 取值

RCC_APB1Periph 的值	描 述	RCC_APB1Periph 的值	描 述
RCC_APB1Periph_TIM2	TIM2 时钟	RCC_APB1Periph_SPI3	SPI3 时钟
RCC_APB1Periph_TIM3	TIM3 时钟	RCC_APB1Periph_USART2	USART2 时钟
RCC_APB1Periph_TIM4	TIM4 时钟	RCC_APB1Periph_USART3	USART3 时钟
RCC_APB1Periph_TIM5	TIM5 时钟	RCC_APB1Periph_UART4	UART4 时钟
RCC_APB1Periph_TIM6	TIM6 时钟	RCC_APB1Periph_UART5	UART5 时钟
RCC_APB1Periph_TIM7	TIM7 时钟	RCC_APB1Periph_I2C1	I2C1 时钟
RCC_APB1Periph_TIM12	TIM12 时钟	RCC_APB1Periph_I2C2	I2C2 时钟
RCC_APB1Periph_TIM13	TIM13 时钟	RCC_APB1Periph_USB	USB 时钟
RCC_APB1Periph_TIM14	TIM14 时钟	RCC_APB1Periph_CAN1	CAN1 时钟
RCC_APB1Periph_WWDG	WWDG 时钟	RCC_APB1Periph_CAN2	CAN2 时钟
RCC_APB1Periph_SPI2	SPI2 时钟	RCC_APB1Periph_BKP	BKP 时钟
RCC_APB1Periph_PWR	PWR 时钟	RCC_APB1Periph_DAC	DAC 时钟
RCC_APB1Periph_CEC	CEC 时钟		

（12）函数 RCC_GetSYSCLKSource（）的描述见表 2.24。

表 2.24　函数 RCC_GetSYSCLKSource（）描述

函　数　名	RCC_GetSYSCLKSource
函数原型	uint8_t RCC_GetSYSCLKSource（void）
功能描述	返回用作系统时钟的时钟源
输入参数	无
输出参数	无
返回值	用作系统时钟的时钟源 0x00：HSI 作为系统时钟 0x04：HSE 作为系统时钟 0x08：PLL 作为系统时钟
先决条件	无
被调用函数	无

（13）函数 RCC_GetFlagStatus（）的描述见表 2.25。参数 RCC_FLAG 取值见表 2.26。

表 2.25　函数 RCC_GetFlagStatus（）描述

函　数　名	RCC_GetFlagStatus
函数原型	FlagStatus RCC_GetFlagStatus（uint8_t RCC_FLAG）
功能描述	检查指定的 RCC 标志位设置与否
输入参数	RCC_FLAG：待检查的 RCC 标志位
输出参数	无
返回值	RCC_FLAG 的新状态：SET 或者 RESET
先决条件	无
被调用函数	无

表 2.26　RCC_FLAG 取值

RCC_FLAG 的值	描　　述	RCC_FLAG 的值	描　　述
RCC_FLAG_HSIRDY	HSI 晶振就绪	RCC_FLAG_PORRST	POR/PDR 复位
RCC_FLAG_HSERDY	HSE 晶振就绪	RCC_FLAG_SFTRST	软件复位
RCC_FLAG_PLLRDY	PLL 就绪	RCC_FLAG_IWDGRST	WDG 复位
RCC_FLAG_LSERDY	LSE 晶振就绪	RCC_FLAG_WWDGRST	WWDG 复位
RCC_FLAG_LSIRDY	LSI 晶振就绪	RCC_FLAG_LPWRRST	低功耗复位
RCC_FLAG_PINRST	NRST 引脚复位		

（14）函数 RCC_MCOConfig（）的描述见表 2.27。参数 RCC_MCO 取值见表 2.28。

表 2.27　函数 RCC_MCOConfig（）描述

函　数　名	RCC_MCOConfig
函数原型	void RCC_MCOConfig（u8 RCC_MCO）
功能描述	选择在 MCO 引脚上输出的时钟源
输入参数	RCC_MCO：指定输出的时钟源
输出参数	无
返回值	无
先决条件	无
被调用函数	无

表 2.28　RCC_MCO 取值

RCC_MCO 的值	描　　述	RCC_MCO 的值	描　　述
RCC_MCO_NoClock	无时钟被选中	RCC_MCO_HSE	选中 HSE
RCC_MCO_SYSCLK	选中系统时钟	RCC_MCO_PLLCLK_Div2	选中
RCC_MCO_HSI	选中 HSI		选择 PLLCLK/2

注：当选中系统时钟作为 MCO 引脚输出时，它的频率不超过 50MHz。

2.3　系统时钟配置

STM32F103 系列单片机的主频是 72MHz，时钟系统集成了 4 个独立时钟源，分别为 8MHz HSI RC、4～16MHz HSE OSC、40kHz LSI RC 和 32.768kHz LSE OSC，其中系统时钟 SYSCLK 主要来自 8MHz HSI RC 和 4～16MHz HSE OSC 两个独立时钟源。要得到 72MHz 的系统时钟，就必须通过内嵌的 PLL 倍频，那么如何设置时钟系统才能得到所期望的系统时钟和外设时钟呢？

2.3.1　固件库默认时钟配置

STM32 单片机复位启动时，首先进入 Reset_Handler 复位中断处理程序，随后自动调用 SystemInit()函数，再跳转到 main()函数继续执行，而 main()函数即为具体应用功能的实现程序代码。

Reset_Handler 复位中断处理程序中自动调用的 SystemInit()函数具体实现在 ST 固件库的 system_stm32f10x.c 文件中，其功能是对系统时钟初始化，重定位向量表到 Flash 或者 SRAM 中。SystemInit()函数默认时钟设置值如下表所示。

表 2.29　SystemInit()函数默认时钟设置值

时钟源	SYSCLK	AHB 总线时钟	APB1 总线时钟	APB2 总线时钟	PLLCLK
HSE：8MHz	72MHz （使用 PLL）	72MHz	36MHz	72MHz	72MHz

具体代码如下（为代码清晰，已将互联型 MCU 相关的代码删除，原始代码见 system_stm32f10x.c 中的代码）：

```
/* 函数功能：初始化 Flash 接口、PLL，更新系统内核时钟变量(SystemCoreClock variable)
 * 注意：　　复位后调用该功能函数
 */
void SystemInit (void)
{
 /* 复位时钟配置寄存器 RCC_CR 到默认值 */
 /* 置 HSION 位，开启 8MHz HSI RC 时钟 */
 RCC -> CR | = (uint32_t)0x00000001;
/* 复位时钟配置寄存器 RCC_CFGR 中的 SW, HPRE, PPRE1, PPRE2, ADCPRE and MCO 位 */
 RCC -> CFGR & = (uint32_t)0xF8FF0000;
 /* 复位时钟配置寄存器 RCC_CR 中的 HSEON, CSSON and PLLON bits */
 RCC -> CR & = (uint32_t)0xFEF6FFFF;
```

```
/* 复位 HSEBYP 位,即 4 - 16MHz HSE OSC 没有被旁路(使用外部晶振) */
RCC -> CR &= (uint32_t)0xFFFBFFFF;
/* 复位 PLLSRC, PLLXTPRE, PLLMUL and USBPRE/OTGFSPRE 位 */
RCC -> CFGR &= (uint32_t)0xFF80FFFF;
/* 禁止所有时钟中断,并清除挂起标志位 */
RCC -> CIR = 0x009F0000;

/* 配置系统时钟 SYSCLK 频率,设置 HCLK, PCLK2 , PCLK1 分频系数 */
/* 配置 Flash 延迟周期和使能预取指缓存 */
SetSysClock();

#ifdef VECT_TAB_SRAM
/* 向量表重定位到内部 SRAM */
  SCB -> VTOR = SRAM_BASE | VECT_TAB_OFFSET;
#else
  /* 向量表重定位到内部 Flash */
  SCB -> VTOR = FLASH_BASE | VECT_TAB_OFFSET;
#endif //////////////////////////////////////////////////////////////////
static void SetSysClock(void)
{
#ifdef SYSCLK_FREQ_HSE
   SetSysClockToHSE();
#elif defined SYSCLK_FREQ_24MHz
   SetSysClockTo24();
#elif defined SYSCLK_FREQ_36MHz
   SetSysClockTo36();
#elif defined SYSCLK_FREQ_48MHz
   SetSysClockTo48();
#elif defined SYSCLK_FREQ_56MHz
   SetSysClockTo56();
#elif defined SYSCLK_FREQ_72MHz
   SetSysClockTo72();
#endif
  /* 如果上述定义未被使能,复位后默认使用 HSI 作为系统时钟 */
}
```

上述代码利用的是 RCC 寄存器进行时钟初始化,并调用 SetSysClock()函数配置时钟。SetSysClock()函数调用 SetSysClockTo72()进行配置,代码如下:

```
/* 函数功能:设置系统时钟到 72MHz,并配置 HCLK, PCLK2 and PCLK1 分频因子
 * 注意:复位后调用该功能函数
 */
static void SetSysClockTo72(void)
{
   __IO uint32_t StartUpCounter = 0, HSEStatus = 0;
   /* SYSCLK, HCLK, PCLK2 和 PCLK1 配置 */
   /* 使能 HSE */
   RCC -> CR |= ((uint32_t)RCC_CR_HSEON);
    /* 等待 HSE 就绪,或就绪超时 */
   do {
     HSEStatus = RCC -> CR & RCC_CR_HSERDY;
```

```
      StartUpCounter++;
    } while((HSEStatus == 0) && (StartUpCounter != HSE_STARTUP_TIMEOUT));
    if ((RCC -> CR & RCC_CR_HSERDY) != RESET)
    {
      HSEStatus = (uint32_t)0x01;
    }
    else
    {
      HSEStatus = (uint32_t)0x00;
    }
    /* HSE 启动成功,则继续往下处理 */
    if (HSEStatus == (uint32_t)0x01)
    {
      /* 使能 Flash 预取指缓存 */
      FLASH -> ACR |= FLASH_ACR_PRFTBE;
      /* 设置 2 个 Flash 等待周期 */
      FLASH -> ACR &= (uint32_t)((uint32_t)~FLASH_ACR_LATENCY);
      FLASH -> ACR |= (uint32_t)FLASH_ACR_LATENCY_2;
      /* HCLK = SYSCLK = 72MHz */
      RCC -> CFGR |= (uint32_t)RCC_CFGR_HPRE_DIV1;
      /* PCLK2 = HCLK = 72MHz */
      RCC -> CFGR |= (uint32_t)RCC_CFGR_PPRE2_DIV1;
      /* PCLK1 = HCLK/2 = 36MHz */
      RCC -> CFGR |= (uint32_t)RCC_CFGR_PPRE1_DIV2;
      /* PLL 配置: PLLCLK = HSE * 9 = 72 MHz */
      RCC -> CFGR& = (uint32_t)((uint32_t)~(RCC_CFGR_PLLSRC|RCC_CFGR_PLLXTPRE|RCC_CFGR_
PLLMULL));
      RCC -> CFGR |= (uint32_t)(RCC_CFGR_PLLSRC_HSE | RCC_CFGR_PLLMULL9);
      /* 使能 PLL */
      RCC -> CR |= RCC_CR_PLLON;
      /* 等待 PLL 稳定就绪 */
      while((RCC -> CR & RCC_CR_PLLRDY) == 0);
      /* 选择 PLL 输出 PLLCLK 作为系数时钟 SYSCLK */
      RCC -> CFGR &= (uint32_t)((uint32_t)~(RCC_CFGR_SW));
      RCC -> CFGR |= (uint32_t)RCC_CFGR_SW_PLL;
      /* 读取时钟切换状态位,确保 PLLCLK 被选为系统时钟 SYSCLK */
      while ((RCC -> CFGR & (uint32_t)RCC_CFGR_SWS) != (uint32_t)0x08)
      {
      }
    }
    else
    { /*
// 如果 HSE 启动失败,用户可以在这里添加出错处理代码 */
    }
}
```

到此,STM32 的时钟配置就完成了。SetSysClockTo72()函数使用的是 RCC 寄存器的方式进行时钟配置,与 2.3.3 节使用固件库函数进行配置的步骤一样。

通过分析 SystemInit()和 SetSysClock()两个库函数,使用 SystemInit()函数设置系统时钟无非就是对一些宏定义进行设置,其余工作 SystemInit()函数已经做好了。所以在实际编程中,需要事先打开所需频率的宏定义,然后 SystemInit()函数将根据启用的宏自动将系统时钟设置到需要的时钟频率。在 system_stm32f10x.c 文件的头部有以下代码,根据实际应用启用相应的频率定义宏即可。

```
# if defined (STM32F10X_LD_VL) || (defined STM32F10X_MD_VL) || (defined STM32F10X_HD_VL)
/ * # define SYSCLK_FREQ_HSE      HSE_VALUE * /
    # define SYSCLK_FREQ_24MHz   24000000
# else
/ * # define SYSCLK_FREQ_HSE      HSE_VALUE * /
/ * # define SYSCLK_FREQ_24MHz   24000000 * /
/ * # define SYSCLK_FREQ_36MHz   36000000 * /
/ * # define SYSCLK_FREQ_48MHz   48000000 * /
/ * # define SYSCLK_FREQ_56MHz   56000000 * /
# define SYSCLK_FREQ_72MHz   72000000
# endif
```

ST 推荐使用外接 8MHz 晶振,固件库默认打开了宏"# define SYSCLK_FREQ_72MHz 72000000",随后 SetSysClock(void)函数就将系统时钟 SYSCLK 设置为 72MHz,即 STM32F103 系列的最高主频时钟为 72MHz。

2.3.2　STM32 单片机复位启动过程

STM32F103 单片机代码执行始终从代码区的 0x0000 0000 地址开始,CPU 首先从地址 0x0000 0000 单元获取堆栈栈顶的地址,并初始化主堆栈指针 MSP;随后从地址 0x0000 0004 单元取出复位向量,初始化程序指针 PC,并开始执行程序代码。STM32F103 单片机启动时代码执行过程示意如图 2.9 所示。

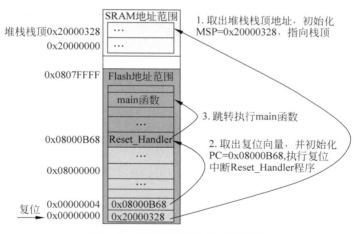

图 2.9　启动时代码执行过程示意

在地址 0x0000 0004 单元存放的复位向量是 Reset_Handler 程序的入口地址。另外,STM32 单片机启动时还需要一段启动代码(Bootloader),类似于启动计算机时的 BIOS,用于完成单片机的初始化和自检工作。ST 提供的固件库文件中,有一个汇编语言编写的 startup_stm32f10x_xx.s[xx 根据 MCU 所带 Flash 存储器容量(大、中、小)分别为 hd、md、ld]文件,其功能主要包括初始化堆栈、定义程序启动地址、中断向量表、中断服务程序入口地址,以及系统复位启动时从启动代码跳转到用户 main 函数的复位中断服务程序。startup_stm32f10x_xx.s 文件中的复位中断服务程序代码如下:

```
; Reset handler
Reset_Handler       PROC
                    EXPORT    Reset_Handler        [WEAK]
         IMPORT    __main
         IMPORT    SystemInit
                    LDR       R0, = SystemInit
                    BLX       R0
                    LDR       R0, = __main
                    BX        R0
                    ENDP
```

汇编指令说明:

① EXPORT——表示导出函数名,后面的标识符 Reset_Handler 是提供给其他模块调用的导出函数名。Reset_Handler 即为复位中断向量。

② IMPORT——表示后面的标识符__main 和 SystemInit 是一个外部变量标识符,在其他文件中具体定义。表明下面加载的函数为外部文件中定义的函数。

③ LDR——是用来从存储器(确切地说是地址空间)中装载数据到通用寄存器,其格式为:

```
LDR < reg >, = < constant - expression >
```

④ BLX——跳转指令,跳转到 R0 所指示的地址进行执行。BLX 指令从 ARM 指令集跳转到指令中所指定的目标地址,并将处理器的工作状态从 ARM 状态切换到 Thumb 状态,该指令同时将 PC 的当前内容保存到寄存器 R14 中。因此,当子程序使用 Thumb 指令集,而调用者使用 ARM 指令集时,可以通过 BLX 指令实现子程序的调用和处理器工作状态的切换。

⑤ BX——跳转指令,跳转到指令中所指定的目标地址执行,目标地址处的指令既可以是 ARM 指令,也可以是 Thumb 指令。

2.3.3　基于库函数的时钟配置

STM32 单片机系统的时钟配置必须考虑系统时钟的来源,从图 2.5 可知系统时钟源的构成。配置前需要先考虑使用内部 HSI 时钟还是外部 HSE OSC 时钟,是否需要使用 PLL 倍频,然后再考虑内部 AHB 总线和外部 APB 总线的时钟,最后再考虑外设的时钟。为提高 CPU 的处理速度,一般会将时钟源倍频作为 CPU 的系统时钟 SYSCLK,然后再由内向外分频得到总线及外设时钟,如图 2.8 所示。

时钟配置过程主要是对 RCC_CR、RCC_CFGR、RCC_CIR、RCC_BDCR、RCC_CSR 这五个寄存器进行读/写访问,时钟配置完成后再对要使用的相应外设时钟进行使能和配置,不用的外设建议关闭相应的外设时钟(降低功耗)。推荐时钟配置使用高速外部 8MHz 的 HSE 时钟源作为 PLL 时钟输入,PLL 再进行 9 倍频得到 72MHz 的时钟作为系统时钟 SYSCLK 输出。基于库函数的具体配置流程如图 2.10 所示。

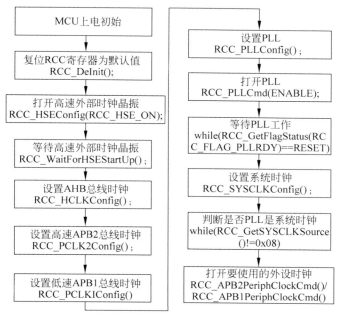

图 2.10　使用 HSE 时钟配置流程

使用外部 8MHz 晶振, 配置 SYSCLK = 72MHz, HCLK = 72MHz, PCLK2 = 72MHz, PCLK1 = 36MHz 的库函数实现代码如下:

```
void RCC_Configuration(void)
{
ErrorStatus HSEStartUpStatus;
    RCC_DeInit();                                      //复位 RCC 寄存器
    RCC_HSEConfig(RCC_HSE_ON);                         //打开 HSE 晶振
    HSEStartUpStatus = RCC_WaitForHSEStartUp();        //获取 HSE OSC 就绪状态
    if(HSEStartUpStatus == SUCCESS)                    //SUCCESS: HSE 晶振稳定且就绪
    {
  RCC_HCLKConfig(RCC_SYSCLK_Div1);                     // AHB 时钟 HCLK = 系统时钟 SYSCLK
  RCC_PCLK2Config(RCC_HCLK_Div1);                      //APB2 时钟 PCLK2 = HCLK
  RCC_PCLK1Config(RCC_HCLK_Div2);                      // APB1 时钟 PCLK1 = HCLK/2
//设置 Flash 存储器延时时钟周期数和 Flash 预取指缓存模式
FLASH_SetLatency(FLASH_Latency_2);                     // 配置延时周期: 设置 2 个延时周期
FLASH_PrefetchBufferCmd(FLASH_PrefetchBuffer_Enable); // 预取指缓存使能

//设置 PLL 时钟源 = HSE 时钟频率, 倍频系数 = PLL 输入时钟 x 9
RCC_PLLConfig(RCC_PLLSource_HSE_Div1, RCC_PLLMul_9);
RCC_PLLCmd(ENABLE);
while(RCC_GetFlagStatus(RCC_FLAG_PLLRDY) == RESET);   //等待 PLL 稳定
RCC_SYSCLKConfig(RCC_SYSCLKSource_PLLCLK);            //选择 PLLCLK 为系统时钟
while(RCC_GetSYSCLKSource() != 0x08);                 //等待 PLLCLK 作为系统时钟锁定
        //使能 APB2 外设的 GPIOA 的时钟
RCC_APB2PeriphClockCmd(RCC_APB2Periph_GPIOA,ENABLE);
    }
    }
```

从上面的时钟配置代码可以看到,利用 ST 提供的固件库函数、常量进行程序撰写非常容易,其函数和变量的命名具有非常好的规范和易读性,即使没有注释,也可以从函数名和变量名大致判断函数或变量所代表的含义。另外,STM32 内部的 Flash 用以存储指令代码供 CPU 读取,CPU 的最大速率为 72MHz,但 Flash 访问速度比较低,因此要在 CPU 存取 Flash 的过程中插入所谓的"等待周期",CPU 速度越快,所要插入的等待周期个数越多。

2.4 系统定时器 SysTick

对于嵌入式系统应用而言,一般会涉及多任务处理。为保证多个任务都能得到 CPU 的及时处理,一般会采用嵌入式操作系统进行任务调度。大多数嵌入式操作系统都需要一个硬件定时器来产生操作系统需要的嘀嗒中断,作为整个系统的时基,为多个任务分配不同数目的时间片,以确保没有一个任务能霸占系统。

2.4.1 SysTick 概述

由于操作系统需要一个定时器来产生周期性的中断,而且最好还让用户程序不能随意访问该定时器的寄存器,以维持操作系统"心跳"的节律。基于此,Cortex-M 内核内嵌了一个系统嘀嗒定时器 SysTick,用作嵌入式操作系统的嘀嗒时钟,也可作为一般定时或延时应用,这样可以节约 MCU 的定时器资源。SysTick 定时器为一个 24 位递减计数器,在设定初值并使能后,每经过 1 个系统嘀嗒时钟(SysTickCLK)周期,计数值就减 1。当 SysTick 计数值到 0 时,SysTick 计数器从重装载值寄存器 ReLoad 自动重装初始值并继续计数,同时 SysTick 定时器控制及状态寄存器内部的 COUNTFLAG 标志会置位,触发中断(如果开了中断允许)。SysTick 定时器被捆绑在嵌套中断向量控制器 NVIC 中,其中断响应属于 NVIC 异常,异常号为 15,触发中断将产生 SYSTICK 异常,其优先级可设置(有关中断更详细的介绍见第 5 章)。

SysTick 时钟的最大特点在于精确定时,可以用于精确延时应用。在常用的程序中实现延时一般用空操作指令或不带循环体语句的 for 循环,如:

    for(i = 0;i < x;i++);

由于微处理器每一条指令的执行时间不固定,在进入 for 循环后,很难精确计算出延时 T 毫秒所对应的 X 值,故无法做到精确延时。从图 2.4 可知,Cortex 系统定时器(即 SysTick 定时器)的定时时钟 SysTickCLK 来自 AHB 总线时钟 8 分频,而 SysTick 定时器是对 SysTickCLK 进行计数,故能得到精确定时或延时。若 STM32 单片机时钟采用外部 8MHz 晶振,9 倍频后作为 AHB 总线时钟,此时 SysTickCLK 的频率为 9MHz(HCLK/8,最高频率),其最小精度为 $\frac{1}{9}\mu s$。在这个条件下,若将 SysTick 计数初始值设置为 9000,就能得到 1ms 的时间基准,在计数值减到 0 时,即 1ms 时间到时将产生 SysTick 中断,实现精确 1ms 定时或延时。在 1ms 中断服务程序中对 T 进行减 1,在 for 循环中检测 T 是否为 0,若不为 0 则进行等待;若为 0 则关闭 SysTick 定时器,退出定时即可得到 T 毫秒精确延时。

2.4.2　SysTick 寄存器

SysTick 定时器内部结构如图 2.11 所示,内部有 4 个寄存器,分别为控制状态寄存器 CTRL(地址:0xE000E010)、重载初值寄存器 LOAD(地址:0xE000E014)、当前值寄存器 VAL(地址:0xE000E018)和校准寄存器 CALIB(地址:0xE000E01C)。

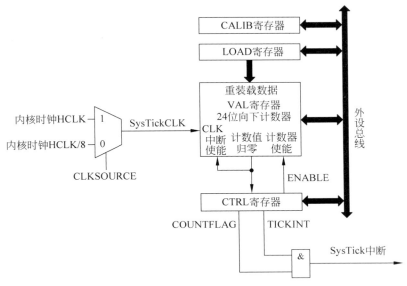

图 2.11　SysTick 内部结构

当 CTRL 寄存器中的 ENABLE 位有效时,SysTick 计数器 VAL 在 SysTickCLK 时钟的驱动下,从 LOAD 初值开始向下递减计数,当计数到 0 时,置位 COUNTFLAG 标志,并重新加载 LOAD 寄存器中的初值,开始重新递减计数,如此循环。若 CTRL 寄存器中的 TICKINT 位有效,此时将产生 SysTick 中断请求。SysTickCLK 时钟频率为 HCLK 或 HCLK/8,由 CTRL 寄存器中的 CLKSOURCE 确定。SysTick 定时器定时时间 $t = $ LOAD$(1/$SysTickCLK$)$。

(1) 控制状态寄存器 CTRL 位域定义见表 2.30,相对 SysTick 基地址(0xE000E010)的偏移为 0x00。

表 2.30　寄存器 CTRL 位域定义(未给出位保留)

位	名　称	类型	复位值	描　述
0	ENABLE	R/W	0	SysTick 定时器使能位。0:关闭;1:使能
1	TICKINT	R/W	0	SysTick 中断使能位。0:关闭中断;1:使能中断
2	CLKSOURCE	R/W	0	时钟源选择位。0:选择 HCLK/8;1:选择 HCLK
16	COUNTFLAG	R	0	SysTick 计数归零标志位。读该位后,该位自动清零;SysTick 计数归零,该位为1(如果在上次读取本寄存器后 SysTick 计数到了 0,则该位为1)

（2）重载初值寄存器 LOAD 位域定义见表 2.31，偏移地址为 0x04。

表 2.31　寄存器 LOAD 位域定义（未给出位保留）

位	名　　称	类型	复位值	描　　述
23:0	RELOAD	R/W	0	当 SysTick 计数归零时，该寄存器值自动重装入计数器

（3）当前值寄存器 VAL 位域定义见表 2.32，偏移地址为 0x08。

表 2.32　寄存器 VAL 位域定义（未给出位保留）

位	名　　称	类型	复位值	描　　述
23:0	CURRENT	R/W	0	读取时返回定时器当前计数值。写它则使之清零，同时还会清除 CTRL 寄存器中的 COUNTFLAG 标志

（4）校准寄存器 CALIB 位域定义见表 2.33，偏移地址为 0x0C。

表 2.33　寄存器 CALIB 位域定义（未给出位保留）

位	名　　称	类型	复位值	描　　述
31	NOREF	R	—	0＝外部参考时钟可用 1＝没有外部参考时钟（STCLK 不可用）
30	SKEW	R	—	0＝校准值是准确的 10ms 1＝校准值不是准确的 10ms
23:0	CURRENT	R/W	0	10ms 的时间内倒计数的个数。芯片设计者应该通过 Cortex-M3 的输入信号提供该数值。若该值读回为 0，则表示无法使用校准功能

SysTick 在存储器空间的基地址是 0xE000E010，各寄存器在存储器外设区的存储单元是连续分配的。core_cm3.h 文件中定义的 SysTick 寄存器的存储器映射代码如下：

```
/* CMSIS_CM3_SysTick CMSIS CM3 SysTick memory mapped structure for SysTick */
typedef struct
{
    __IO uint32_t CTRL;         /*!< Offset: 0x00 */
    __IO uint32_t LOAD;         /*!< Offset: 0x04 */
    __IO uint32_t VAL;          /*!< Offset: 0x08 */
    __I uint32_t CALIB;         /*!< Offset: 0x0C */
} SysTick_Type;
/* System Control Space memory map */
#define SCS_BASE             ((u32)0xE000E000)
...
#define SysTick_BASE         (SCS_BASE + 0x0010)
...
#ifdef _SysTick
  #define SysTick            ((SysTick_Type *) SysTick_BASE)
#endif
```

在编程访问 SysTick 寄存器时，可以通过 SysTick 结构体指针及结构体成员间接实现访问。

2.4.3　SysTick 库函数

SysTick 单元寄存器仅有 4 个(校准寄存器很少使用到),相对比较简单,因此对 SysTick 单元的访问直接通过寄存器操作比较简单。ST 固件库提供了两个与 SysTick 相关的函数。

1. 选择函数 SysTick_CLKSourceConfig()

函数 SysTick_CLKSourceConfig()用于设置 SysTick 定时器的嘀嗒时钟 SysTickCLK, 分别在 misc.h 和 misc.c 文件中声明、定义,其具体实现代码如下:

```
/*在misc.h文件定义的宏变量*/
#define SysTick_CLKSource_HCLK_Div8     ((uint32_t)0xFFFFFFFB)
#define SysTick_CLKSource_HCLK          ((uint32_t)0x00000004)
/*在misc.c文件中的函数定义*/
void SysTick_CLKSourceConfig(uint32_t SysTick_CLKSource)
{
  /* Check the parameters */
  assert_param(IS_SYSTICK_CLK_SOURCE(SysTick_CLKSource));
  if (SysTick_CLKSource == SysTick_CLKSource_HCLK)
  {
    SysTick -> CTRL | = SysTick_CLKSource_HCLK;      //设置 SysTickCLK = HCLK
  }
  else
  {
    SysTick -> CTRL& = SysTick_CLKSource_HCLK_Div8;   //设置 SysTickCLK = HCLK/8
  }
}
```

2. 配置函数 SysTick_Config()

函数 SysTick_Config()用于配置 SysTick 定时器的 LOAD 寄存器及 CTRL 寄存器,在 core_cm3.h 文件中定义,具体代码如下:

```
static __INLINE uint32_t SysTick_Config(uint32_t ticks)
{
  if (ticks > SysTick_LOAD_RELOAD_Msk)   return (1);
/* LOAD 初值大于 0xFFFFFF(SysTick_LOAD_RELOAD_Msk 的值),返回 1 */
  SysTick -> LOAD   = (ticks & SysTick_LOAD_RELOAD_Msk) - 1; /* 设置 LOAD 寄存器值 */
  NVIC_SetPriority (SysTick_IRQn, (1<<__NVIC_PRIO_BITS) - 1);  /* 设置 SysTick 中断优先级 */
  SysTick -> VAL    = 0;                         /* 清零 VAL 寄存器,重新加载 LOAD 初值 */
  SysTick -> CTRL   = SysTick_CTRL_CLKSOURCE_Msk |         /* SysTicKCLK 设置为 HCLK */
                    SysTick_CTRL_TICKINT_Msk   |         /* 使能 SysTick 中断 */
                    SysTick_CTRL_ENABLE_Msk;            /* 使能 SysTick 定时器 */
  return (0);                                    /* 设置结束,返回 0 */
}
```

3. 中断入口函数 SysTick_Handler()

SysTick 中断向量在 startup_stm32f10x_xx.s 文件中声明,SysTick 中断服务函数需要在自己的 * .C 文件中定义,代码如下:

```
void SysTick_Handler(void)
{
  /* SysTick 中断服务功能实现体 */
}
```

2.4.4 SysTick 延时实例

SysTick 定时器定时精度高,可以利用 SysTick 实现精确延时。

1. 利用中断实现延时

利用中断实现延时的具体代码如下:

```
static __IO uint32_t  TimingDelay;   //声明全局变量
/* 延时函数 */
void Delay(__IO uint32_t nTime)
{
  TimingDelay = nTime;
  while(TimingDelay != 0);
}
/* SysTick 中断服务函数 */
void SysTick_Handler(void)
{
    if (TimingDelay != 0x00)
    {
      TimingDelay -- ;
    }
}
/* main 函数 */
int main(void)
{
//SystemCoreClock 是 system_stm32f10x.c 中定义的全局变量,
//其值为内核时钟频率 HCLK
/* systick 时钟为 HCLK 时,配置中断时间间隔为 1ms */
    SysTick_Config(SystemCoreClock / 1000);
    while(1)
     {
        Delay(200);    //延时 200ms
        …
     }
}
```

2. 利用查询实现延时

利用查询实现延时的具体代码如下:

```
//延时 nms
//注意 nms 的范围: SysTick -> LOAD 为 24 位寄存器
//所以 SysTickCLK = HCLK/8 时最大延时为:
//nms <= 0xffffff * 8 * 1000/HCLK,HCLK 单位为 Hz,nms 单位为 ms;
//在 HCLK = 72MHz 时,nms <= 1864 ms
#define SysTick_CTRL_ENABLE_Pos 0                 /* !< SysTick CTRL: ENABLE Position */
```

```
#define SysTick_CTRL_ENABLE_Msk   (1ul << SysTick_CTRL_ENABLE_Pos)

void delay_ms(u16 nms)
{
    uint32_t temp, fac_us, fac_ms;
//选择外部时钟 HCLK/8
SysTick_CLKSourceConfig(SysTick_CLKSource_HCLK_Div8);
/* SysTickCLK 为 HCLK/8，即每秒减 HCLK/8 个 1，则每微秒需要的 SysTick 时钟个数 */
    fac_us = SystemCoreClock/8000000;
//每毫秒需要的 systick 时钟个数
    fac_ms = ( uint16_t)fac_us * 1000;
    SysTick -> LOAD = ( uint32_t)nms * fac_ms;        //加载计数初值
    SysTick -> VAL  = 0x00;                           //清空计数器,加载计数初值
    SysTick -> CTRL| = SysTick_CTRL_ENABLE_Msk ;      //使能 SysTick,开始减 1 计数
    do
    {
        temp = SysTick -> CTRL;
    }while((temp&0x01)&&!(temp&(1 << 16)));           //等待时间到达
    SysTick -> CTRL& = ~SysTick_CTRL_ENABLE_Msk;      //关闭计数器
    SysTick -> VAL  = 0x00;                           //清空计数器
}
```

2.4.5　SysTick 分秒定时实例

设 STM32 单片机采用 8MHz 高速外部晶振，SYSCLK 为 72MHz，AHB 总线时钟为 72MHz。设 SystickCLK＝HCLK/8＝9MHz。因此 SysTick 每秒减 9×10^6 个 1，而 1ms 为 1/1000s，则每毫秒减 1 为 9×10^6/1000＝9000。实例代码如下：

```
static __IO uint16_t  sec,min;          //声明全局变量
void systick_delay_ms(uint16_t nms)
{
  SysTick -> LOAD =  nms * 9000;
  SysTick -> CTRL| = 0x03;
}
void SysTick_Handler(void)
{
  sec ++;
  if(sec == 60)
  {
    sec = 0;                            //秒计数
    min++;
    if(min == 60)
    {
      min = 0;   //分计数
    }
```

```
    }
}
int main(void)
{
…
    systick_delay_ms(1000);
    while (1)
    {
        …
    }}
```

## 第 3 章

STM32 单片机的最小系统

STM32 单片机应用系统由硬件和软件两部分构成。本章简要概述 STM32 系列单片机的总体特性,STM32F103C8T6 单片机内部资源、引脚,并针对 STM32F103C8T6 单片机最小系统构成展开介绍,使读者能轻松利用 STM32 某个具体型号的单片机构建最小系统,进行具体应用的开发。

3.1 STM32F103C8T6 单片机

STM32 单片机目前有 16 个系列,每个系列又有不同性能特性的型号以适应不同应用的选择。不同型号 STM32 单片机内部资源存在差异,但相同功能单元的使用方法是相同的。本书以 STM32F103C8T6 单片机为例对 STM32 单片机各功能单元的具体使用展开讲解。为便于后续章节知识点的学习,本节对 STM32F103C8T6 单片机引脚、复位、启动模式等进行概述,使读者能掌握 STM32F103C8T6 芯片的具体细节,为后续各功能单元的学习奠定基础。

3.1.1 STM32F103 系列概述

基于 ARM Cortex-M3 内核的 STM32F1 系列单片机属于主流 STM32 单片机,其中增强型 STM32F103 子系列单片机的 CPU 主频高达 72 MHz,片内 Flash 容量高达 1MB,芯片引脚数量多达 144 个,有 QFN、LQFP、CSP、BGA 等多种芯片封装形式,并具有多种片内外设、USB 接口和 CAN 接口。根据 STM32F103 单片机片内 Flash 容量的不同,ST 公司将其分为小容量(16～32KB)、中等容量(64～128KB)、大容量(256KB～1MB)3 种。由于芯片片内 Flash 容量的不同,能实现的片内外设、内部资源也存在一定的差异,如表 3.1 所示。

小容量和大容量 MCU 是中等容量 MCU 的延伸,小容量 MCU 具有较小的 Flash 存储器、RAM 空间,较少的定时器和片内外设,而大容量 MCU 则具有较大的 Flash 存储器、RAM 空间和更多的片上外设,如 SDIO、FSMC、I^2S 和 DAC 等。不同容量的 STM32F103 单片机根据片上外设及内部资源,提供包括 36～144 引脚的不同封装形式,同时保持与其他同系列 MCU 的兼容。根据 MCU 片内 Flash 容量、引脚数量、芯片封装的不同,STM32F103 单片机又细分为多个具体型号,如图 3.1 所示。

表 3.1　STM32F103 子系列 MCU 容量划分及片内资源

引脚数目	小容量 MCU		中等容量 MCU		大容量 MCU		
	16KB 内存	32KB 内存	64KB 内存	128KB 内存	256KB 内存	384KB 内存	512KB 内存
	6KB RAM	10KB RAM	20KB RAM	20KB RAM	48KB RAM	64KB RAM	64KB RAM
144	—	—			5 个 USART＋2 个 UART 4 个 16 位定时器,2 个基本定时器 3 个 SPI,2 个 I²S,2 个 I²C USB,CAN,2 个 PWM 定时器 3 个 ADC,1 个 DAC,1 个 SDIO FSMC(100 脚和 144 脚封装)		
100	—	—	2 个 USART 3 个 16 位定时器 2 个 SPI,2 个 I²C、USB、CAN,1 个 PWM 定时器 1 个 ADC				
64	2 个 USART 2 个 16 位定时器 1 个 SPI、1 个 I²C、USB、CAN,1 个 PWM 定时器 2 个 ADC						
48					—	—	—
36			—	—			

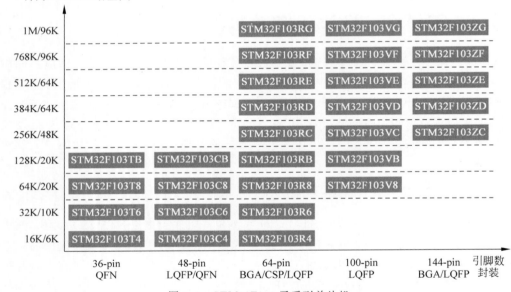

图 3.1　STM32F103 子系列单片机

　　STM32F103 子系列单片机之间引脚是完全兼容的,其软件和功能也是兼容的,为应用开发 MCU 选择提供了更大的自由度。丰富的外设配置使得增强型 STM32F103 系列微控制器适用于电机驱动和应用控制、医疗和手持设备、PC 游戏外设和 GPS 平台、变频器、打印机、扫描仪、警报系统、视频对讲和暖气通风空调系统等多种应用场合。

3.1.2　STM32F103C8T6 引脚定义

　　STM32F103C8T6 是基于 ARM Cortex-M3 内核的 32 位增强型单片机,片内 Flash 为 64KB、RAM 为 20KB,引脚数为 48,采用 LQFP 封装,工作温度为−40～＋85℃。芯片封装

外形如图 3.2(a)所示,各引脚信号定义如图 3.2(b)所示。

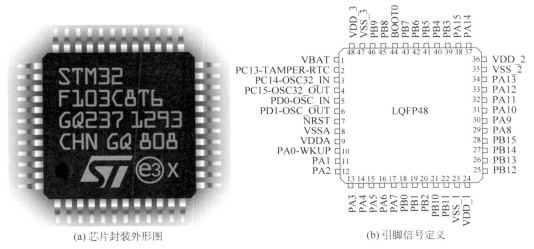

(a) 芯片封装外形图　　　　　　　　　(b) 引脚信号定义

图 3.2　STM32F103C8T6 封装及引脚信号定义

STM32F103C8T6 单片机的主频为 72MHz,总线宽度为 32 位,输入/输出端口为 37 个,供电电源电压为 2.0～3.6V,各引脚信号的具体定义如表 3.2 所示。

表 3.2　STM32F103C8T6 单片机引脚信号的具体定义

引脚 LQFP48	引脚 名 称	类型	I/O 电平	主功能 (复位后)	可选的复用功能	
					默认复用功能	重定义功能
1	VBAT	S	—	VBAT	—	—
2	PC13-TAMPER-RTC	I/O	—	PC13	TAMPER-RTC	—
3	PC14-OSC32_IN	I/O	—	PC14	OSC32_IN	—
4	PC15-OSC32_OUT	I/O	—	PC15	OSC32_OUT	—
5	PD0-OSC_IN	I	—	OSC_IN	—	PD0
6	PD1-OSC_OUT	O	—	OSC_OUT	—	PD0
7	NRST	I/O	—	NRST	—	—
8	VSSA	S	—	VSSA	—	—
9	VDDA	S	—	VDDA	—	—
10	PA0-WKUP	I/O	—	PA0	WKUP/USART2_CTS/ ADC12 _ IN0/TIM2 _ CH1_ETR	—
11	PA1	I/O	—	PA1	USART2_RTS/ADC12_ IN1/TIM2_CH2	—
12	PA2	I/O	—	PA2	USART2_ TX/ADC12_ IN2/TIM2_CH3	—
13	PA3	I/O	—	PA3	USART2_ RX/ADC12_ IN3/TIM2_CH4	—
14	PA4	I/O	—	PA4	SPI1 _ NSS/USART2 _ CK/ADC12_IN4	—
15	PA5	I/O	—	PA5	SPI1_SCK/ADC12_IN5	—

引脚 LQFP48	引 脚 名 称	类型	I/O 电平	主功能 （复位后）	可选的复用功能	
					默认复用功能	重定义功能
16	PA6	I/O	—	PA6	SPI1 _ MISO/ADC12 _ IN6/TIM3_CH1	TIM1_BKIN
17	PA7	I/O	—	PA7	SPI1 _ MOSI/ADC12 _ IN7/TIM3_CH2	TIM1_CH1N
18	PB0	I/O	—	PB0	ADC12_IN8/TIM3_CH3	TIM1_CH2N
19	PB1	I/O	—	PB1	ADC12_IN9/TIM3_CH4	TIM1_CH3N
20	PB2	I/O	FT	PB2/ BOOT1	—	—
21	PB10	I/O	FT	PB10	I2C2 _ SCL/USART3 _ TX	TIM2_CH3
22	PB11	I/O	FT	PB11	I2C2 _ SDA/USART3 _ RX	TIM2_CH4
23	VSS_1	S	—	VSS_1	—	—
24	VDD_1	S	—	VDD_1	—	—
25	PB12	I/O	FT	PB12	SPI2_NSS/I2C2_SMBAI/ USART3 _ CK/TIM1 _ BKIN	—
26	PB13	I/O	FT	PB13	SPI2 _ SCK/USART3 _ CTS/TIM1_CH1N	—
27	PB14	I/O	FT	PB14	SPI2 _ MISO/USART3 _ RTS/TIM1_CH2N	—
28	PB15	I/O	FT	PB15	SPI2 _ MOSI/TIM1 _ CH3N	—
29	PA8	I/O	FT	PA8	USART1 _ CK/TIM1 _ CH1/MCO	—
30	PA9	I/O	FT	PA9	USART1 _ TX/TIM1 _ CH2	—
31	PA10	I/O	FT	PA10	USART1 _ RX/TIM1 _ CH3	—
32	PA11	I/O	FT	PA11	USART1_CTS/USBDM/ CAN_RX/TIM1_CH4	—
33	PA12	I/O	FT	PA12	USART1_RTS/USBDP/ CAN_TX/TIM1_ETR	—
34	PA13	I/O	FT	JTMS/ SWDIO	—	PA13
35	VSS_2	S	—	VSS_2	—	—
36	VDD_2	S	—	VDD_2	—	—
37	PA14	I/O	FT	JTCK/ SWCLK	—	PA14
38	PA15	I/O	FT	JTDI		TIM2_CH1_ETR/ PA15/SPI1_NSS

续表

引脚 LQFP48	引脚名称	类型	I/O电平	主功能 (复位后)	可选的复用功能	
					默认复用功能	重定义功能
39	PB3	I/O	FT	JTDO		PB3/TRACESWO/ TIM2_CH2/SPI1_ SCK
40	PB4	I/O	FT	NJTRST		PB4/TIM3_CH1/ SPI1_MISO
41	PB5	I/O	—	PB5	I2C1_SMBAI	TIM3_CH2/SPI1_ MOSI
42	PB6	I/O	FT	PB6	I2C1_SCL/TIM4_CH1	USART1_TX
43	PB7	—		PB7	I2C1_SDA/TIM4_CH2	USART1_RX
44	BOOT0	I	—	BOOT0	—	—
45	PB8	I/O	FT	PB8	TIM4_CH3	I2C1_SCL/CAN_RX
46	PB9	I/O	FT	PB9	TIM4_CH4	I2C1_SDA/CAN_TX
47	VSS_3	S	—	VSS_3	—	—
48	VDD_3	S	—	VDD_3	—	—

说明:

(1) I 表示输入,O 表示输出,S 表示电源。

(2) FT 表示引脚兼容 5V 电平。

(3) "主功能(复位后)"列的标识符表明芯片复位完成后引脚的默认功能,"默认复用功能"列的标识符表明该引脚可以复用为片内外设的引脚功能(注意,多个复用功能在同一时刻仅可使能一个复用功能),"重定义功能"列的标识符表明该引脚可以通过软件重新定义该引脚的功能为重定义标识符的功能。

(4) PC13、PC14 和 PC15 引脚通过片内的电源开关进行供电,且只能够吸收有限的电流(3mA)。因此这 3 个引脚作为输出引脚时有以下限制:在同一时间只有一个引脚能作为输出,作为输出引脚时只能工作在 2MHz 模式下,最大驱动负载为 30pF,并且不能作为电流源(如驱动 LED)。

(5) PC13、PC14 和 PC15 引脚在备份区域第一次上电时处于"主功能(主功能(复位后))"状态下。之后即使复位,这些引脚的状态均由备份区域寄存器控制(这些寄存器不会被主复位系统所复位)。

(6) 在芯片复位后第 5 和第 6 引脚默认配置为 OSC_IN 和 OSC_OUT 功能引脚,可以在软件中重新设置这两个引脚为 PD0 和 PD1 功能引脚。在输出模式下,PD0 和 PD1 只能配置为 50MHz 输出模式。

(7) 第 20 引脚在系统复位后的前 4 个系统时钟 SYSCLK 周期作为 BOOT1 功能引脚,用于确定系统的启动模式。在复位完成后该引脚作为 PB2 功能引脚。

(8) 第 34、37、38、39、40 引脚在上电复位时默认作为 JTAG/SWD 编程功能引脚,可以在软件中重新设置这些引脚作为其他功能引脚。

(9) 默认复用功能引脚名称标注中出现的 ADC12_INx(x 表示 0~15 的整数),表示这个引脚可以是 ADC1_INx 或 ADC2_INx。例如,ADC12_IN9 表示这个引脚可以配置为 ADC1_IN9,也可以配置为 ADC2_IN9。

(10) 表中第 10 引脚 PA0 对应的"默认复用功能"中的 TIM2_CH1_ETR,表示可以配置该功能为 TIM2_CH1 或 TIM2_ETR。同理,表中第 38 引脚 PA15 对应的"重定义功能"中的 TIM2_CH1_ETR 具有相同的意义。

STM32F103C8T6 的 48 个功能引脚大体可以分为 3 类。

(1) 电源引脚。STM32F103C8T6 单片机共有 9 个电源引脚,分别是第 1、8、9、23、24、35、36、47、48 引脚,如表 3.2 中浅色阴影部分引脚所示。其中,VBAT 是备用电源引脚,接 1.8~3.6V 电池电源,为 RTC 时钟提供电源;VDDA 是接模拟电源,为芯片中模拟电路部分提供电源;VSSA 是接模拟电源地;VSS_x(x=1,2,3)接芯片供电电源地;VDD_x(x=1,2,3)接 2.0~3.6V 电源,一般接 3.3V 电源,为芯片的数字电路部分供电。

(2) 特殊功能引脚。STM32F103C8T6 单片机有 2 个特殊功能引脚,分别是第 7 引脚 NRST 和第 44 引脚 BOOT0,如表 3.2 中深色阴影部分引脚所示。其中,NRST 是芯片复位引脚,低电平有效(该引脚为低电平时将使芯片复位);BOOT0是芯片启动模型功能选择引脚,复位时,该引脚与 BOOT1 功能引脚(第 20 引脚)共同决定系统的启动模式。有关系统启动模式说明见 2.1.3 节。

(3)输入/输出(I/O)端口引脚。剩余 37 个引脚为 STM32F103C8T6 的 I/O 端口引脚,其默认主功能可以分为时钟功能引脚、编程功能引脚和通用输入输出(GPIO)引脚。时钟功能引脚为第 5(OSC_IN)和第 6(OSC_OUT)引脚,用于外接有源时钟或时钟晶振。编程功能引脚为第 34、37、38、39、40 引脚,支持标准 JTAG 编程或 SWD 串行编程。

3.1.3　STM32F103C8T6 片内资源

STM32F103C8T6 单片机内部集成了多个片上功能单元,为实时控制应用设计提供了灵活性。片上集成的内部资源如下所述。

(1)内嵌 8MHz 高速 RC 振荡器、40kHz 低速 RC 振荡器,可为芯片提供高速时钟(为芯片提供系统时钟)、低速时钟(为实时时钟 RTC、独立看门狗 IWDG 提供时钟)。

(2)内嵌 4~16MHz 晶体振荡器,可外接 4~16MHz 无源晶振,为芯片提供外部高速系统时钟。

(3)内嵌 32kHz RTC 振荡器,可外接 32.768kHz 无源晶振,为芯片实时时钟 RTC 单元提供时钟。

(4)集成了 PLL 时钟倍频单元,可对低速时钟进行倍频,产生所需的高速系统时钟。

(5)集成了上电/断电复位(POR/PDR)功能单元,可以对供电进行监测复位。

(6)集成了 7 个定时器:1 个 16 位带死区控制及紧急刹车的高级定时器,3 个 16 位的通用定时器,1 个 24 位自减型系统嘀嗒定时器,2 个看门狗定时器(独立门狗和窗口门狗)。

(7)集成了 2 个 12 位模数转换器,最快 1μs 转换时间,多达 16 个模拟输入通道。

(8)集成了片上温度传感器和实时时钟 RTC。

(9)集成了 9 个外部通信接口:3 个 USART、2 个 I^2C、2 个 SPI(18Mb/s)、1 个 CAN(2.0B)、1 个 USB 2.0 全速接口。

(10)集成了循环冗余校验(CRC)计算单元,可进行硬件 CRC 计算。

(11)集成了嵌套中断向量控制器 NVIC,支持 16 级中断优先级、60 个中断和 10 个异常处理。

(12)集成了 7 通道 DMA 控制器,支持定时器、ADC、I^2C、SPI 和 USART 进行 DMA。

(13)具有 37 个高速通用输入/输出(GPIO)端口,可从其中任选 16 个作为外部中断/事件输入端口,几乎全部 GPIO 可兼容 5V 输入。

(14)具有睡眠、停止、待机 3 种低功耗工作模式。

(15)具有串行单线调试 SWD 接口和标准 JTAG 接口。

(16)具有 96 位全球唯一编号。

3.2　STM32 单片机最小系统构成

单片机最小系统就是让单片机能正常运行并发挥其功能所必需的硬件组成部分,也可理解为单片机正常运行的最小环境。STM32 单片机应用系统一般由硬件和软件两部分构成,硬件是实现的基础,软件是在硬件基础上对资源进行合理调用,从而完成应用系统所要求的任务。STM32 单片机硬件一般由功能应用电路和最小系统电路构成。功能应用电路是实现具体应用所需的功能电路,与具体应用相关。不同应用涉及的功能应用电路也存在差异,一般涉及输入/输出控制电路、信号采集电路、存储电路、人机接口电路、显示电路等。最小系统电路是 STM32 单片机正常运行的必要电路,是 STM32 单片机应用系统硬件的核心部分,包括电源电路、复位电路、时钟电路、启动模式设置电路和编程接口电路。最小系统电路在任意应用系统硬件电路中都存在,本节以 STM32F103C8T6 单片机为例,对其最小系统电路构成进行详细的讲解。

3.2.1　电源电路

电源对电子设备的重要性不言而喻,它是保证系统稳定运行的基础,而保证系统能稳定运行后,又有低功耗的要求。在很多应用场合都对电子设备的功耗有非常苛刻的要求,STM32 单片机有专门的电源管理单元监控内部电源并管理片上外设的运行,确保系统正常运行,并尽量降低功耗。为了方便进行电源管理,STM32 单片机根据功能将内部电源区域划分为数字、模拟、后备域、内核等供电区域,其内部电源结构框图如图 3.3 所示。

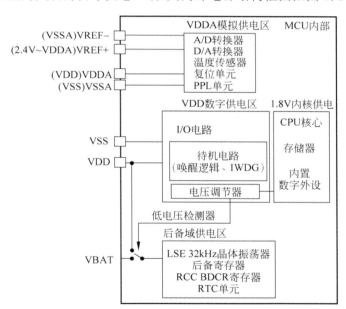

图 3.3　STM32 单片机内部电源结构

在图 3.3 中,VBAT 是后备域供电引脚,为 32kHz 外部低速时钟振荡器 LSE、实时时钟 RTC 和后备寄存器供电。VDD 和 VSS 是数字部分供电引脚。VDDA 和 VSSA 是模拟部分供电引脚,且必须分别连接到 VDD 和 VSS;VREF＋和 VREF－是 A/D 转换器(Analog-to-Digital Converter,ADC)外部参考电压供电引脚,为其提供精确参考电压。如果芯片提供引脚 VREF－(根据封装而定),那么它必须连接到 VSSA 引脚。

注意:100 引脚和 144 引脚封装的 MCU 提供引脚 VREF＋和 VREF－,64 引脚或更少引脚封装的 MCU 未提供引脚 VREF＋和 VREF－,在芯片内部与 ADC 的电源引脚 VDDA

和地引脚 VSSA 相连。

STM32 单片机的工作电压 VDD 为 2.0～3.6V,通过内置的电压调节器提供内核所需的 1.8V 电源。当主电源 VDD 掉电后,通过 VBAT 为 32kHz 外部低速时钟振荡器 LSE、实时时钟 RTC 和后备寄存器提供电源。为了提高 ADC 转换的精确度,ADC 使用独立电源 VDDA 供电,过滤和屏蔽来自印制电路板上的毛刺干扰。STM32 单片机的供电方案如图 3.4 所示,其中的 4.7μF 电容必须连接到 VDD3。VREF＋引脚电压范围为 2.4V～VDDA,可以直接连接到 VDDA 引脚。如果 VREF＋采用单独的外部参考电源供电,则必须在 VREF＋引脚上连接一个 10nF 和一个 1μF 的电容。

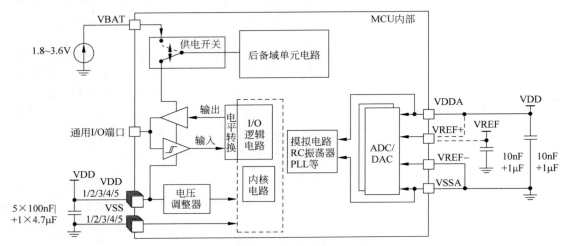

图 3.4 STM32 单片机供电方案

STM32F103 系列单片机的工作电压为 2.0～3.6V,一般采用 3.3V 供电。由于常用电源为 5V,必须采用转换电路将 5V 电压转换为 2.0～3.6V。电源转换芯片 ASM1117-3.3 是一款正电压输出的低压降三端线性稳压电路,输入 5V 电压,输出固定的 3.3V 电压,其电路如图 3.5 所示。转换得到的 3.3V 电源直接与 STM32 单片机的 VDD 引脚连接,为 MCU 提供工作电源。3.3V 和 VSS 分别经电感 L1、L2 滤波后得到 VDDA 和 VSSA,分别连接到单片机的 VDDA 和 VSSA 引脚,为模拟单元供电。

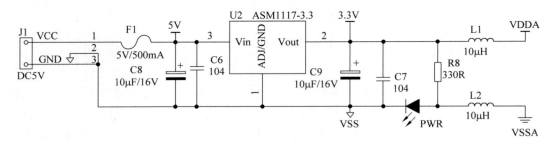

图 3.5 5V 转 3.3V 电路

VBAT 是后备域供电引脚,为 LSE、RTC 和后备寄存器供电,备用电源供电电路如图 3.6 所示。一般选择纽扣电池作为备用电池,其电压低于主电源 3.3V。当主电源 VDD 掉电后,外部备用电池 BAT1 通过 D1 为 VBAT 引脚供电;当主电源 VDD 未掉电时,主电源 3.3V 经 D2 为 VBAT 引脚供电,节省备用电池 BAT1 的电源。若系统无备用电池,则 VBAT 引脚必须和 100nF 的瓷片电容一起连接到主电源 VDD 上。

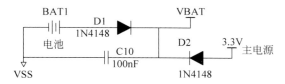

图 3.6　VBAT 备用电源供电电路

3.2.2　复位电路

当单片机在正常运行中,由于外界干扰等因素可能会使单片机程序陷入死循环状态或"跑飞"。要使其进入正常状态,唯一的办法是将单片机复位,以重新启动。复位就是把单片机当前的运行状态恢复到起始状态的操作,其作用是复位单片机的程序计数器 PC,使单片机从代码存储器的 0x00000000 单元重新开始执行程序,并将相关寄存器复位到默认初始值。STM32 单片机的程序计数器初始值为 00000004H,00000000H 留给主堆栈指针 MSP。STM32 单片机支持 3 种形式的复位,分别是系统复位、电源复位和备份区域复位,其复位电路结构如图 3.7 所示。

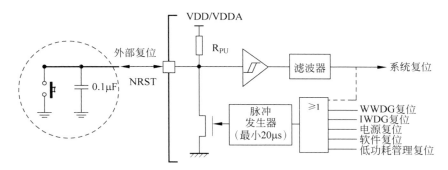

图 3.7　STM32 单片机复位电路结构

1. 系统复位

除了复位和时钟控制(Reset and Clock Control,RCC)的控制状态寄存器 RCC_CSR (Control/Status Register,RCC_CSR)的复位标志位和后备域寄存器外,系统复位将复位所有的寄存器。当发生以下任一事件时,都将产生系统复位。

(1) NRST 引脚上出现低电平(外部复位);

(2) 窗口看门狗计数终止(WWDG 复位);

(3) 独立看门狗计数终止(IWDG 复位);

(4) 软件复位(SW 复位);

(5) 低功耗管理复位。

当发生系统复位时,可通过查看 RCC_CSR 控制状态寄存器中的复位状态标志位识别复位事件来源。

2. 电源复位

STM32 单片机内部集成了一个上电复位（POR）电路和掉电复位（PDR）电路，形成电源复位电路。当工作电源 VDD 达到 2V 时，系统就能正常工作；当工作电源 VDD 低于指定的阈值 VPOR/PDR 时，系统保持为复位状态，而无需外部复位电路。电源复位能复位除后备域寄存器以外的所有寄存器，当发生上电/掉电复位（POR/PDR 复位）或从待机模式中返回时，将产生电源复位。

图 3.7 中任意一个复位源发生复位事件时，脉冲发生器输出有效，最终作用于 NRST 引脚。在复位过程中保持 NRST 低电平，使复位入口向量被固定在地址 0x00000004。芯片内部的复位信号会在 NRST 引脚上输出，且脉冲发生器保证每一个（外部或内部）复位源都能有至少 $20\mu s$ 的脉冲延时；当 NRST 引脚被拉低产生外部复位时，它也将产生复位脉冲。

3. 备份区域复位

备份区域拥有两个专门的复位，它们只影响备份区域寄存器。当发生下列事件之一时，产生备份区域复位。

（1）软件复位：后备区域复位可由设置备份域控制寄存器（RCC_BDCR）中的 BDRST 位产生。

（2）电源复位：在 VDD 和 VBAT 两者均掉电的前提下，VDD 或 VBAT 上电将引发备份区域复位。

最简单、最常用的复位电路是在 NRST 引脚上产生一个低电平信号（外部复位）引发系统复位，它由电容串联电阻构成，如图 3.8 所示。当按键 RESET 被按下时，NRST 引脚和地相接，从而被拉低，产生一个低电平信号，实现复位。在系统上电瞬间，电容开始充电，由于电容电压不能突变，导致 NRST 引脚在上电瞬间被拉成低电平，这个低电平持续的时间由复位电路的电阻、电容值决定（$t = 1.1RC = 1.1 \times 10000\Omega \times 0.0000001F = 0.011s = 11000\mu s$）。STM32 单片机的 NRST 引脚检测到持续 $20\mu s$ 以上的低电平后，会对单片机进行复位操作。所以，适当选择 RC 的值就可以保证可靠的复位。

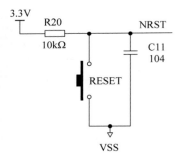

图 3.8 外部复位电路

3.2.3 时钟电路

时钟电路是单片机系统中用于产生并发出原始"嘀嗒"节拍信号的、必不可少的信号源电路，常常被视为单片机系统的心脏。时钟节拍是处理器、存储器、I/O 接口等正常工作的必备条件，它的每一次跳动（振荡节拍）都控制着单片机执行代码的工作节奏。振荡得慢时，系统工作速度就慢；振荡得快时，系统工作速度就快。

为简化 STM32 单片机系统时钟电路，在单片机内部集成了 8MHz 高速 RC 振荡器（HSI RC）、40kHz 低速 RC 振荡器（LSI RC）、$4 \sim 16$MHz 晶体振荡器（HSE OSC）和 32.768kHz RTC 晶体振荡器（LSE OSC），其时钟单元及接口框图如图 3.9 所示。当利用 STM32 单片机内部集成的 HSI RC、LSI RC（又称为内部时钟）作为单片机内部功能单元的时钟信号源时，HSE OSC 和 LSE OSC 被禁用，外部 OSC_OUT、OSC_IN、OSC32_IN 和

OSC32_OUT 引脚可以作为其他功能引脚使用。当使用 HSE OSC、LSE OSC(又称为外部时钟)作为单片机内部功能单元的时钟信号源时,HSI RC 和 LSI RC 被禁用,可从 OSC_OUT、OSC_IN、OSC32_IN 和 OSC32_OUT 引脚输入外部时钟信号或外接石英晶体产生所需的时钟信号。

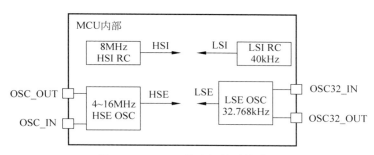

图 3.9　STM32 单片机的时钟接口

内部时钟单元 HSI RC、LSI RC 虽然可以产生时钟信号供单片机内部功能单元使用,但时钟精度不高,仅适用于时钟精度要求不高的应用场合。为了获取稳定、精确的时钟信号,可以使用外部无源石英晶体配合单片机内部的振荡电路(HSE OSC 或 LSE OSC)来产生时钟信号,也可以从单片机外部直接输入有源时钟信号作为单片机的时钟信号,外部时钟电路框图如图 3.10 所示。

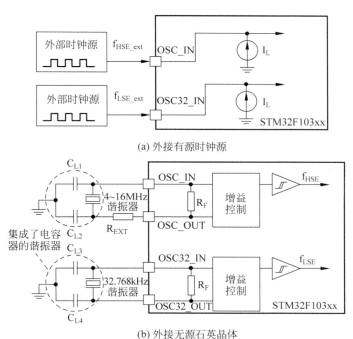

图 3.10　外部时钟电路框图

当外接外部时钟源时,必须连到 OSC_IN 和 OSC32_IN 引脚,同时保证 OSC_OUT 和 OSC32_OUT 引脚悬空,如图 3.10(a)所示。负载电容推荐使用高质量的陶瓷电容,其值须根据所选择的振荡器来调整,取值范围为 10~40pF,典型值为 20pF 或 30pF。对于晶体振荡器的电容来说,电容值越小越容易起振,但振荡器相对不稳定;电容值越大振荡器越稳定,但会增加起振时间,不容易起振。为减少时钟输出的失真和缩短启动稳定时间,石英晶体/陶瓷谐振器和负载电容器必须尽可能地靠近振荡器引脚。根据如图3.10所示的外部时钟电路框图,外部时钟电路原理图如图3.11所示。

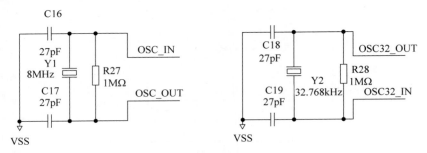

图3.11 外部时钟电路

内嵌的 HSI RC 或 HSE OSC 可为单片机提供高速时钟,为 MCU 的系统时钟 SYSCLK 提供时钟。内嵌的 LSI RC 或 LSE OSC 可单片机提供低速时钟,为 MCU 的实时时钟 RTC、独立看门狗 IWGD 提供时钟。当不使用 LSI RC 或 LSE OSC 时,可以禁用,OSC32_IN 和 OSC32_OUT 引脚可以作为其他功能引脚使用。

3.2.4 启动模式设置电路

STM32 单片机启动时需要根据 BOOT0 和 BOOT1 引脚的状态来确定系统的启动模式,启动模式设置详见 2.1.4 节启动模式的详细描述,此处不再赘述。为方便根据需要调整 STM32 单片机的启动模式,设计的模式设置电路如图 3.12 所示。

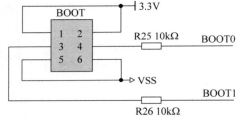

图3.12 启动模式设置电路

若需要从 Flash 存储区启动,需要设置 BOOT1=X,BOOT0=0,因此可以用跳线帽同时短接 BOOT 接口的 3-5 和 4-6;若需要从系统存储区启动(ISP 串口下载程序时),需要设置 BOOT1=0,BOOT0=1,因此可以用跳线帽同时短接 BOOT 接口的 3-5 和 4-2;若需要从内部 SRAM 存储区启动,需要设置 BOOT1=1,BOOT0=1,因此可以用跳线帽同时短接 BOOT 接口的 3-1 和 4-2。STM32 单片机一般工作在闪存存储区启动模式,上电启动时运行 Flash 存储区中保存的用户程序。

3.2.5 编程接口电路

1. JTAG/SWD 编程接口

STM32 单片机支持标准 JTAG 协议编程和串行调试 SWD(Serial Wire Debug)编程,STM32F103C8T6 芯片的编程引脚如表 3.3 所示。PA13 和 PA14 引脚既作为 JTAG 编程引脚,又作为 SWD 编程引脚。

表 3.3 JTAG /SWD 编程引脚

引脚(LQFP48)	引脚名称	类型	I/O 电平	主功能(复位后)
34	PA13	I/O	FT	JTMS/SWDIO
37	PA14	I/O	FT	JTCK/SWCLK
38	PA15	I/O	FT	JTDI
39	PB3	I/O	FT	JTDO
40	PB4	I/O	FT	NJTRST

　　STM32 单片机上电复位时,引脚 PA13、PA14、PA15、PB3、PB4 默认作为 JTAG/SWD 编程功能引脚。JTAG 编程时需要 JTMS、JTCK、JTDI、JTDO 和 NJTRST 5 个信号引脚,SWD 编程时仅需要 SWDIO 和 SWCLK 两个信号引脚。在 Flash 存储器启动模型下,可以通过 JLink、ULink、ST-Link、CMSIS-DAP 等仿真器将用户程序代码编程到单片机的 Flash 存储器中,也可以通过仿真器对程序进行单步调试。标准 JTAG 编程接口和 SWD 编程接口电路图如图 3.13 所示。在实际应用时,JTAG 和 SWD 编程接口选择其中一种即可。一般选择 SWD 编程接口,以节约引脚和减小接口面积。

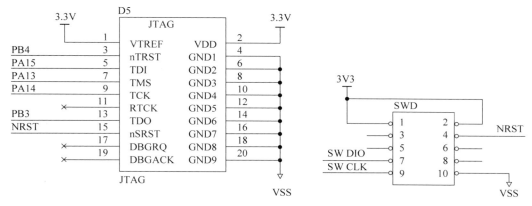

图 3.13 JTAG/SWD 编程接口

2. ISP 编程接口

　　STM32 单片机内嵌 ISP Bootloader 自举程序存放在系统存储区,由 ST 公司在生产线上写入,用于通过串行通信接口对 Flash 存储器进行重新编程。对于小容量、中容量和大容量 STM32 单片机而言,可以通过 USART1 串行通信接口启用自举程序进行编程;对于互联型 STM32 单片机而言,可以通过 USART1 、USART2(重映射的)、CAN2(重映射的)或 USB OTG 全速接口的设备模式(通过设备固件更新 DFU 协议)启用自举程序进行编程。

　　使用内嵌的 ISP Bootloader 自举程序进行 Flash 存储器重新编程时,STM32 单片机需要工作在系统存储器启动模式,随后通过 USART1 进行编程。编程成功后若需要让单片机运行 Flash 存储器中的用户程序,则需要将启动模式重新设置为 Flash 存储器启动模式,这样上电启动时才能运行 Flash 存储器中保存的用户程序。另外,新型台式计算机或笔记本电脑很少有串行通信接口,但有 USB 通信接口,因此可以利用 USB 转 UART 接口芯片 CH340G 设计 ISP 编程接口电路。鉴于反复设置启动模式会给 USART1 串行 ISP 编程带来不便,可以将启动模式固定设置成 Flash 存储器模式,再利用 CH340G 芯片的♯RST 和

♯DTR 引脚在 ISP 编程时自动设置启动模式,设计的一键 ISP 编程电路原理图如图 3.14 所示。

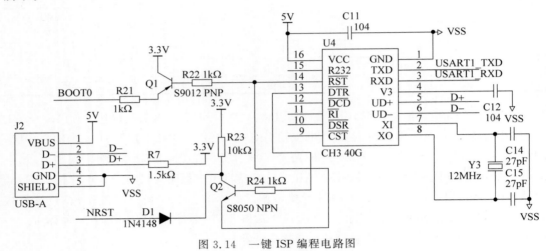

图 3.14 一键 ISP 编程电路图

## 第 4 章

通用输入/输出的原理与应用

STM32F103C8T6 提供 4 个通用输入/输出(General Purpose Input Output，GPIO)接口。PA 接口提供 PA0～PA15 共 16 个引脚；PB 接口提供 PB0～PB15 共 16 个引脚；PC接口提供 PC13～PC15 共 3 个引脚；PD 接口提供引 PD0～PD1 共 2 个引脚。4 个 GPIO 接口共提供 37 个 GPIO 引脚。

其中，PA13、PA14、PA15、PB3、PB4 默认(上电复位后的)功能不是 GPIO，若要用作GPIO 引脚，则需要设置引脚重映射功能；PD0、PD1 没有 GPIO 脚功能；PC13、PC14、PC15在作输出引脚使用时有很多限制(电流不超过 3mA，速度不超过 2MHz)，因此主要使用 PA接口和 PB 接口的引脚作为 GPIO。

4.1 GPIO 的内部结构及特性

GPIO 的内部结构如图 4.1 所示。

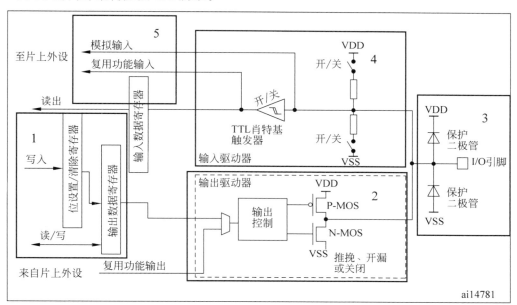

图 4.1 GPIO 的结构框图

4.1.1　输出数据源

由图 4.1 可以看到,GPIO 输出数据可以源自输出数据寄存器(输出数据寄存器的值可以被位置位/复位寄存器改变),也可以源自片上外设的复用功能输出。

4.1.2　推挽输出和开漏输出

1. 推挽输出

推挽(Push-Pull)输出的等效电路如图 4.2 所示,当要向外输出 1 时,即 D 触发器中是 1,则 $\overline{Q}$ 输出 0,使 NMOS 管截止、PMOS 管导通,I/O 引脚和 VDD 连接,因此 I/O 引脚向外输出高电平 1;当要向外输出 0 时,即 D 触发器内是 0,则 $\overline{Q}$ 输出 1,使 PMOS 管截止、NMOS 管导通,则 I/O 引脚和 VSS 连接,因此 I/O 引脚向外输出低电平 0。

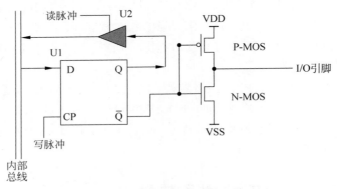

图 4.2　推挽输出的等效电路

推挽电路是两个参数相同的三极管或 MOSFET,分别受两个互补信号的控制导通,在一个 MOS 管导通时,另一个截止,两个对称的功率开关管每次只有一个导通。推挽式输出既提高了电路的负载能力,又提高了开关速度。

2. 开漏输出

开漏(Open-Drain)输出时,图 4.1 中只有 NMOS 管参与输出,等效电路如图 4.3 所示。当要向外输出 0 时,D 触发器中是 0,此时 $\overline{Q}$ 向外输出 1,使 NMOS 管导通,I/O 引脚和 GND 连接,因此 I/O 引脚向外输出 0;当要向外输出 1 时,D 触发器内是 1,$\overline{Q}$ 向外输出 0,

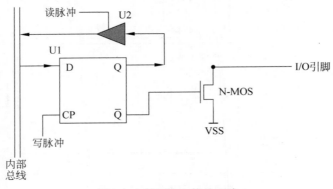

图 4.3　开漏输出等效电路

使 NMOS 管截止,此时 I/O 引脚向外输出高阻状态。

开漏输出可以方便地实现"电平转换",因为开漏输出 1 时,引脚向外输出高阻态,需要在引脚外接"上拉电阻"拉到高电平,因此只要将上拉电阻接到不同的高电平(如 3.3～5V),输入 1 时就可以向外输出不同的高电平。利用这个特点,可以外接不同工作电压的器件;开漏输出具有"线与"的特点,当多个开漏输出的电路连接到一起时,只要有一个电路输出 0,则整条线路都为低电平 0。

4.1.3　保护二极管

图 4.1 中的保护二极管的作用是将引脚输入的电压钳位在一个安全的范围。例如,假设 VDD 正常供电是 3.3V,保护二极管的工作电压是 0.7V,则当引脚上输入一个大于 3.3V 的电压时,和 VDD 相连的保护二极管导通,压降为 0.7V,因此将引脚电压钳位在了 4.0V;若引脚上输入电压低于 0V 时,和 GND 相连的保护二极管导通,压降为 0.7V,将引脚上的输入电压钳位在 $-0.7V$。

4.1.4　上拉输入和下拉输入

在图 4.1 中,输入电路上各有一个带开关控制的上拉、下拉电阻。可以通过开关控制输入电路接上拉电阻(上拉输入模式)或接下拉电阻(下拉输入模式)或都不接(浮空输入模式)。很容易知道,在上拉输入模式下,由于引脚内部通过上拉电阻接到高电平,因此引脚默认(没有信号输入时)是高电平状态,当有输入时,才是输入信号的状态;在下拉输入模式下,引脚内部通过下拉电阻接地,因此引脚默认(没有信号输入时)是低电平状态,当有输入时,才是输入信号的状态;浮空输入时,引脚默认(没有信号输入时)是高阻态。

以如图 4.4 所示的按键输入为例。要想识别按键是否按下,需要按键所连的 GPIO 脚上的输入电平在"按键按下"和"没有按下"这两种情况下是不同的。如图 4.4 所示的按键,KEY0～KEY2 一端接 GND,另一端接 GPIO 引脚,因此按键按下时,GPIO 脚和 GND 相连,输入为 0,因此希望按键没有按下时是 1。此时的 GPIO 输入模式应该设置成上拉输入模式,GPIO 脚无按键按下时电平是 1,按键按下则变为 0。

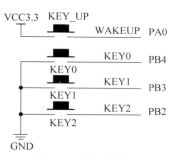

图 4.4　按键连接图

可以思考一下,图 4.4 中的 KEY_UP 按键所接的 GPIO 脚应该是什么输入模式?

STM32 内部集成有 ADC 模数转换器,因此也可以输入模拟信号,此时应选择"模拟输入模式"。

4.1.5　输入数据的去向

如图 4.1 所示,输入数据既可以作为片上外设的输入,也可以作为 GPIO 输入送至输入数据寄存器中存放。

4.2 GPIO 常见参数配置

4.2.1 GPIO 的输出速度

STM32 的 GPIO 在输出模式时,有 2MHz、10MHz、50MHz 3 种输出速度可供选择。这个输出速度实际上是 I/O 口驱动电路的响应速度。配置成高速时,输出频率高,噪声大,功耗高,电磁干扰强;配置成低速时,输出频率低,噪声小,功耗低,电磁干扰弱。

因此,应根据具体应用,选择合适的输出速度。例如,对于 I^{2}C 接口,若使用 3.4Mb/s 的波特率,2MHz 的 GPIO 输出速度显然是不够的。

4.2.2 GPIO 引脚的复用和重映射

复用是指 GPIO 引脚不仅可以作普通的输入/输出脚使用,还可以作为 STM32 内置外设的引脚。

STM32 中每个内置外设都有若干个输入/输出引脚,一般这些引脚都是固定不变的。为了优化外设数目及方便 PCB 板设计的布线,引入了外设引脚重映射(remap)的概念,即一个外设的引脚除了具有默认的脚位外,还可以通过设置重映射寄存器的方式,把这个外设的引脚映射到其他的引脚上。

例如,在图 4.5 中,PB10 在 STM32 复位后的默认功能是通用输入/输出功能 PB10,可以通过复用功能设置配置成 I^{2}C2 的 SCL 脚或 USART3 的 TX 脚,还可以通过引脚重映射配置成 TIM2 的 CH3。

引脚						引脚名称	类型[1]	I/O分类[2]	主功能（复位后）	复用功能[3]	
LFBGA100	LQFP48	TFBGA64	LQFP64	LQFP100	VFQFPN36					默认	引脚重映射
J7	21	G7	29	47	—	PB10	I/O	FT	PB10	I2C2_SCL/ USART3_TX	TIM2_CH3
K7	22	H7	30	48	—	PB11	I/O	FT	PB11	I2C2_SDA/ USART3_RX	TIM2_CH4

说明: (1) I=输入(Input),O=输出(Output),S=电源(Supply)。
(2) FT=5V 容忍。
(3) 若多个外设共享相同的 I/O 引脚,则为避免冲突,一次只能通过使能外设时钟的方法使能一个外设有效。

图 4.5　引脚复用和重映射

要配置某个引脚的复用功能,需要开启对应引脚的 GPIO 时钟、复用的外设时钟,初始化 GPIO 为规定的输入/输出模式(常见外设引脚输入/输出模式规定见表 4.1～表 4.5),使能相关外设。

表 4.1 高级定时器 TIM1/TIM8 的引脚输入/输出模式

TIM1/TIM8 引脚	配　置	GPIO 配置
TIM1/8_CHx	输入捕获通道 x	浮空输入
	输出比较通道 x	推挽复用输出
TIM1/8_CHxN	互补输出通道 x	推挽复用输出
TIM1/8_BKIN	刹车输入	浮空输入
TIM1/8_ETR	外部触发时钟输入	浮空输入

表 4.2 通用定时器 TIM2/TIM3/TIM4/TIM5 的引脚输入/输出模式

TIM2/TIM3/TIM4/TIM5 引脚	配　置	GPIO 配置
TIM2/3/4/5_CHx	输入捕获通道 x	浮空输入
	输出比较通道 x	推挽复用输出
TIM2/3/4/5_ETR	外部触发时钟输入	浮空输入

表 4.3 USART 的引脚输入/输出模式

USART 引脚	配　置	GPIO 配置
USARTx_TX	全双工模式	推挽复用输出
	半双工同步模式	推挽复用输出
USARTx_RX	全双工模式	浮空输入或带上拉输入
	半双工同步模式	未用,可作为通用 I/O
USARTx_CK	同步模式	推挽复用输出
USARTx_RTS	硬件流量控制	推挽复用输出
USARTx_CTS	硬件流量控制	浮空输入或带上拉输入

表 4.4 I^2C 的引脚输入/输出模式

I^2C 引脚	配　置	GPIO 配置
I2Cx_SCL	I^2C 时钟	开漏复用输出
I2Cx_SDA	I^2C 数据	开漏复用输出

表 4.5 ADC/DAC 的引脚输入/输出模式

ADC/DAC 引脚	GPIO 配置
ADC/DAC	模拟输入

　　要配置某个引脚的重映射功能,需要使能被重映射到的 GPIO 时钟、使能被重映射的外设时钟、使能 AFIO 时钟;调用 GPIO_PinRemapConfig( )函数进行引脚重映射。常见外设引脚重映射的规定见表 4.6～表 4.14。

表 4.6 JTAG/SWD 重映射

默认功能	重映射功能	默认功能	重映射功能
JTMS/SWDIO	PA13	JTDO/TRACESWO	PB3
JTCK/SWCLK	PA14	JNTRST	PB4
JTDI	PA15		

表 4.7　TIM4 重映射

复用功能	TIM4_REMAP=0	TIM4_REMAP=1[1]
TIM4_CH1	PB6	PD12
TIM4_CH2	PB7	PD13
TIM4_CH3	PB8	PD14
TIM4_CH4	PB9	PD15

说明：(1) 重映射只适用于 100 脚和 144 脚的封装。

表 4.8　TIM3 重映射

复用功能	TIM3_REMAP[1:0]=00 （没有重映射）	TIM3_REMAP[1:0]=10 （部分重映射）	TIM3_REMAP[1:0]=11 （完全重映射）[1]
TIM3_CH1	PA6	PB4	PC6
TIM3_CH2	PA7	PB5	PC7
TIM3_CH3	PB0		PC8
TIM3_CH4	PB1		PC9

说明：(1) 重映射只适用于 64 脚、100 脚和 144 脚的封装。

表 4.9　TIM2 重映射

复用功能	TIM2_REMAP [1:0]=00 （没有重映射）	TIM2_REMAP [1:0]=01 （部分重映射）	TIM2_REMAP [1:0]=10 （部分重映射）[1]	TIM2_REMAP [1:0]=11 （完全重映射）[1]
TIM2_CH1_ETR2	PA0	PA15	PA0	PA15
TIM2_CH2	PA1	PB3	PA1	PB3
TIM2_CH3	PA2		PB10	
TIM2_CH4	PA3		PB11	

说明：(1) 重映射不适用于 36 脚的封装；TIM2_CH1 和 TIM2_ETR 共用一个引脚，但不能同时使用。

表 4.10　TIM1 重映射

复用功能	TIM1_REMAP[1:0]=00 （没有重映射）	TIM1_REMAP[1:0]=01 （部分重映射）	TIM1_REMAP[1:0]=11 （完全重映射）[1]
TIM1_ETR	PA12		PE7
TIM1_CH1	PA8		PE9
TIM1_CH2	PA9		PE11
TIM1_CH3	PA10		PE13
TIM1_CH4	PA11		PE14
TIM1_BKIN	PB12[2]	PA6	PE15
TIM1_CH1N	PB13[2]	PA7	PE8
TIM1_CH2N	PB14[2]	PB0	PE10
TIM1_CH3N	PB15[2]	PB1	PE12

说明：(1) 重映射只适用于 100 脚和 144 脚的封装。

(2) 重映射不适用于 36 脚的封装。

表 4.11　USART3 重映射

复 用 功 能	USART3_REMAP[1:0]＝00 (没有重映射)	USART3_REMAP[1:0]＝01 (部分重映射)[1]	USART3_REMAP[1:0]＝11 (完全重映射)[2]
USART3_TX	PB10	PC10	PD8
USART3_RX	PB11	PC11	PD9
USART3_CK	PB12	PC12	PD10
USART3_CTS	PB13		PD11
USART3_RTS	PB14		PD12

说明：(1) 重映射只适用于 64 脚、100 脚和 144 脚的封装。

(2) 重映射只适用于 100 脚和 144 脚的封装。

表 4.12　USART2 重映射

复 用 功 能	USART2_REMAP＝0	USART2_REMAP＝1[1]
USART2_CTS	PA0	PD3
USART2_RTS	PA1	PD4
USART2_TX	PA2	PD5
USART2_RX	PA3	PD6
USART2_CK	PA4	PD7

说明：(1) 重映射只适用于 100 脚和 144 脚的封装。

表 4.13　USART1 重映射

复 用 功 能	USART1_REMAP＝0	USART1_REMAP＝1
USART1_TX	PA9	PB6
USART1_RX	PA10	PB7

表 4.14　I2C1 重映射

复 用 功 能	I2C1_REMAP＝0	I2C1_REMAP＝1[1]
I2C1_SCL	PB6	PB8
I2C1_SDA	PB7	PB9

说明：(1) 重映射只适用于 100 脚和 144 脚的封装。

4.3　GPIO 的常用库函数

4.3.1　函数 GPIO_Init()

表 4.15 描述了函数 GPIO_Init()。

表 4.15　函数 GPIO_Init()

函数名	GPIO_Init
函数原型	void GPIO_ Init(GPIO_TypeDef * GPIOx,GPIO_InitTypeDef * GPIO_InitStruct)
功能描述	根据 GPIO_InitStruct 中指定的参数初始化外设 GPIO 寄存器
输入参数 1	GPIOx：x 可以是 A、B、C、D 或者 E,来选择 GPIO 外设

输入参数2	GPIO_InitStruct：指向结构 GPIO_InitTypeDef 的指针，包含了外设 GPIO 的配置信息 参阅 Section：GPIO_InitTypeDef 查阅更多参数允许取值范围
输出参数	无
返回值	无
先决条件	无
被调用函数	无

函数实现代码如下：

```
GPIO_InitTypeDef structure
#GPIO_InitTypeDef 定义于文件"stm32f10x_gpio.h"
Typedef   struct
{
u16   GPIO_Pin;
GPIOSpeed_TypeDef   GPIO_Speed;
GPIOMode_ TypeDef   GPIO_Mode;
}GPIO_InitTypeDef;
```

代码中的参数 GPIO_Mode 设置选中引脚的工作状态，表 4.16 给出了该参数可取的值。

表 4.16　GPIO_Mode 取值

GPIO_Mode 的值	描　　述	GPIO_Mode 的值	描　　述
GPIO_Mode_AIN	模拟输入	GPIO_Mode_Out_OD	开漏输入
GPIO_Mode_IN_FLOATING	浮空输入	GPIO_Mode_Out_pp	推挽输入
GPIO_Mode_IPD	下拉输入	GPIO_Mode_AF_OD	复用开漏输入
GPIO_Mode_IPU	上拉输入	GPIO_Mode_AF_pp	复用推挽输入

说明："复用开漏输出"和"复用推挽输出"都是输出片上外设的数据。

4.3.2　函数 GPIO_ReadInputDataBit()

表 4.17 描述了函数 GPIO_ReadInputDataBit()。

表 4.17　函数 GPIO_ReadInputDataBit()

函数名	GPIO_ReadInputDataBit
函数原型	u8 GPIO_ReadInputDataBit(GPIO_ TypeDef * GPIOx，u16 GPIO_ Pin)
功能描述	读取指定端口引脚的输入
输入参数1	GPIOx：x 可以是 A、B、C、D 或者 E,用于选择 GPIO 外设
输入参数2	GPIO_ Pin：待读取的端口位 参阅"Section：GPIO Pin",了解该参数允许的取值范围的更多内容
输出参数	无
返回值	输入端口引脚值
先决条件	无
被调用函数	无

函数 GPIO_ReadInputDataBit()的具体使用可参考如下代码：

```
/* Reads the seventh pin of the GPIOB and store it in ReadValue variable */
u8 ReadValue;
ReadValue = GPIO_ReadInputDataBit(GPIOB, GPIO_Pin_7);
```

4.3.3　函数 GPIO_ReadInputData()

表 4.18 描述了函数 GPIO_ReadInputData()。

表 4.18　函数 **GPIO_ReadInputData**()

函数名	GPIO_ ReadInputData
函数原型	ul6 GPIO_ ReadInputData(GPIO_ _TypeDef * GPIOx)
功能描述	读取指定的 GPIO 端口输入
输入参数	GPIOx：x 可以是 A、B、C、D 或者 E,用于选择 GPIO 外设
输出参数	无
返回值	GPIO 输入数据端口值
先决条件	无
被调用函数	无

函数 GPIO_ReadInputData()的具体使用可参考如下代码：

```
/* Read the GPIOC input data port and store it in ReadValue variable */
u16 ReadValue;
ReadValue = GPIO_ReadInputData(GPIOC);
```

4.3.4　函数 GPIO_SetBits()

表 4.19 描述了函数 GPIO_SetBits()。

表 4.19　函数 **GPIO_SetBits**()

函数名	GPIO_ ResetBits
函数原型	void GPIO_ setBits(GPIO_ TypeDef * GPIOx，u16 GPIO_ Pin)
功能描述	设置指定的数据端口
输入参数 1	GPIOx：x 可以是 A、B、C、D 或者 E,用于选择 GPIO 外设
输入参数 2	GPIO_Pin：待设置的端口位 该参数可以取 GPIO_ Pin _x(x 可以为 0～15)的任意组合 参阅"Section：GPIO Pin",了解该参数允许的取值范围的更多内容
输出参数	无
返回值	无
先决条件	无
被调用函数	无

函数 GPIO_SetBits()的具体使用可参考如下代码：

```
/* Set the GPIOA port pin 10 and pin 15 */
GPIO_SetBits(GPIOA, GPIO_Pin_10 | GPIO_Pin_15);
```

4.3.5　函数 GPIO_ResetBits( )

表 4.20 描述了函数 GPIO_ResetBits( )。

表 4.20　函数 GPIO_ResetBits( )

函数名	GPIO_ResetBits
函数原型	void GPIO_ResetBits(GPIO_TypeDef * GPIOx,u16 GPIO_Pin)
功能描述	清除指定的数据端口位
输入参数 1	GPIOx：x 可以是 A、B、C、D 或者 E,用于选择 GPIO 外设
输入参数 2	GPIO_Pin：待清除的端口位 该参数可以取 GPIO_Pin_x(x 可以为 0~15)的任意组合 参阅"Section：GPIO_Pin",了解该参数允许的取值范围的更多内容
输出参数	无
返回值	无
先决条件	无
被调用函数	无

函数 GPIO_ResetBits( )的具体使用可参考如下代码：

```
/* Clears the GPIOA port pin 10 and pin 15 */
GPIO_ResetBits(GPIOA, GPIO_Pin_10 | GPIO_Pin_15);
```

4.3.6　函数 GPIO_WriteBit( )

表 4.21 描述了函数 GPIO_WriteBit( )。

表 4.21　函数 GPIO_WriteBit( )

函数名	GPIO_WriteBit
函数原型	void GPIO_WriteBit(GPIO_TypeDef * GPIOx, u16 GPIO_Pin, BitAction BitVal)
功能描述	设置或者清除指定的数据端口位
输入参数 1	GPIOx：x 可以是 A、B、C、D 或者 E,用于选择 GPIO 外设
输入参数 2	GPIO_Pin：待设置或者清除指的端口位 该参数可以取 GPIO_Pin_x(x 可以为 0~15)的任意组合 参阅"Section：GPIO_Pin",了解该参数允许的取值范围的更多内容
输出参数	无
返回值	无
先决条件	无
被调用函数	无

函数 GPIO_WriteBit( )的具体使用可参考如下代码：

```
/* Set the GPIOA port pin 15 */
GPIO_WriteBit(GPIOA, GPIO_Pin_15, Bit_SET);
```

4.3.7　函数 GPIO_Write( )

表 4.22 描述了函数 GPIO_Write( )。

表 4. 22　函数 GPIO_Write()

函数名	GPIO_Write
函数原型	void GPIO_Write(GPIO_TypeDef * GPIOx, u16 PortVal)
功能描述	向指定 GPIO 数据端口写入数据
输入参数 1	GPIOx：x 可以是 A、B、C、D 或者 E，用于选择 GPIO 外设
输入参数 2	PortVal：待写入端口数据寄存器的值
输出参数	无
返回值	无
先决条件	无
被调用函数	无

4.3.8　函数 GPIO_PinRemapConfig()

表 4.23 描述了函数 GPIO_PinRemapConfig()。

表 4. 23　函数 GPIO_PinRemapConfig()

函数名	GPIO_ PinRemapConfig
函数原型	void GPIO_PinRemapConfig(u32 GPIO_Remap, FunctionalState NewState)
功能描述	改变指定引脚的映射
输入参数 1	GPIO_Remap：选择重映射的引脚 参阅"Section：GPIO_Remap"，了解该参数允许的取值范围的更多内容
输入参数 2	NewState：引脚重映射的新状态，参数可以取 ENABLE 或者 DISABLE
输出参数	无
返回值	无
先决条件	无
被调用函数	无

GPIO_Remap 用来选择用作事件输出的 GPIO 端口。表 4.24 给出了该参数可取的值。

表 4. 24　GPIO_Remap 取值

GPIO_Remap 的值	描　　述
GPIO_Remap_SPI1	SPI1 复用功能映射
GPIO_Remap_I2C1	I2C1 复用功能映射
GPIO_Remap_USART1	USART1 复用功能映射
GPIO_PartialRemap_USART2	USART2 复用功能部分映射
GPIO_FullRemap_USART3	USART3 复用功能完全映射
GPIO_PartialRemap_USART3	USART3 复用功能部分映射
GPIO_FullRemap_TIM1	TIM1 复用功能完全映射
GPIO_PartialRemap1_TIM2	TIM2 复用功能部分映射 1
GPIO_PartialRemap2_TIM2	TIM2 复用功能部分映射 2
GPIO_FullRemap_TIM2	TIM2 复用功能完全映射
GPIO_PartialRemap_TIM3	TIM3 复用功能部分映射
GPIO_FullRemap_TIM3	TIM3 复用功能完全映射
GPIO_Remap_TIM4	TIM4 复用功能映射

续表

GPIO_Remap 的值	描　述
GPIO_Remap1_CAN	CAN 复用功能映射 1
GPIO_Remap2_CAN	CAN 复用功能映射 2
GPIO_Remap_PD01	PD01 复用功能映射
GPIO_Remap_SWJ_NoJTRST	除 JTRST 外 SWJ 完全使能(JTAG＋SW－DP)
GPIO_Remap_SWJ_JTAGDisable	JTAG－DP 失能 ＋ SW－DP 使能
GPIO_Remap_SWJ_Disable	SWJ 完全失能(JTAG＋SW－DP)

函数 GPIO_PinRemapConfig()的具体使用可参考如下代码：

```
/* I2C1_SCL on PB.08, I2C1_SDA on PB.09 */
GPIO_PinRemapConfig(GPIO_Remap_I2C1, ENABLE);
```

4.4　GPIO 的相关寄存器

本节介绍如何使用寄存器实现对 GPIO 输入输出的控制。后面的章节不会再介绍寄存器,而是只学习库函数编程了。

每组 GPIO 端口的寄存器包括两个 32 位配置寄存器(GPIOx_CRL 和 GPIOx_CRH)、两个 32 位数据寄存器 (GPIOx_IDR 和 GPIOx_ODR)、一个 32 位置位/ 复位寄存器(GPIOx_BSRR)、一个低 16 位有效的复位寄存器(GPIOx_BRR)和一个 32 位锁定寄存器(GPIOx_LCKR)。

4.4.1　端口配置低寄存器

端口配置低寄存器(GPIOx_CRL)(x＝A..E)偏移地址为 0x00,复位值为 0x4444 4444,其位域如图 4.6 所示,具体描述见表 4.25。

31	30	29	28	27	26	25	24	23	22	21	20	19	18	17	16
CNF7[1:0]		MODE7[1:0]		CNF6[1:0]		MODE6[1:0]		CNF5[1:0]		MODE5[1:0]		CNF4[1:0]		MODE4[1:0]	
rw	rw	rw	rw	rw	rw	rw	rw	rw	rw	rw	rw	rw	rw	rw	rw

15	14	13	12	11	10	9	8	7	6	5	4	3	2	1	0
CNF3[1:0]		MODE3[1:0]		CNF2[1:0]		MODE2[1:0]		CNF1[1:0]		MODE1[1:0]		CNF0[1:0]		MODE0[1:0]	
rw	rw	rw	rw	rw	rw	rw	rw	rw	rw	rw	rw	rw	rw	rw	rw

图 4.6　端口配置低寄存器

寄存器 CRL/CRH 每 4 位控制一个 IO 引脚的输入输出模式,CRL 控制标号 0～7 的引脚,CRH 控制标号 8～15 的引脚。其中 CRH 的偏移地址是 0x04,其他规定与寄存器 CRL 类似。注意到,当 MODE[1:0]＝00,CNF[1:0]＝10 时,需要 ODR 寄存器中与该引脚对应的位的值来确定：若该位是 1,则为"上拉输入";若该位为 0,则是"下拉输入"模式。

表 4.25 端口配置低寄存器具体描述

位	描 述
31:30,27:26,23:22, 19:18,15:14,11:10, 7:6,3:2	CNFy[1:0]表示端口 x 配置位(y=0,1,2,…,7),软件通过这些位配置相应的 I/O 端口,请参考表 4.26 端口位配置表 在输入模式 MODE[1:0]=00 时,00:模拟输入模式;01:浮空输入模式(复位后的状态);10:上拉/下拉输入模式;11:保留 在输出模式(MODE[1:0]>00)时,00:通用推挽输出模式;01:通用开漏输出模式;10:复用功能推挽输出模式;11:复用功能开漏输出模式
29:28,25:24,21:20, 17:16,13:12,9:8, 5:4,1:0	MODEy[1:0]表示端口 x 的模式位(y=0,1,2,…,7)。软件通过这些位配置相应的 I/O 端口,请参考表 4.27 的输出模式位 00:输入模式(复位后的状态);01:输出模式,最大速度为 10MHz;10:输出模式,最大速度为 2MHz;11:输出模式,最大速度为 50MHz

表 4.26 端口位配置表

配 置 模 式		CNF1	CNF0	MODE1	MODE0	PxODR 寄存器
通用输出	推挽	0	0	01		0 或 1
	开漏		1	10		0 或 1
复用功能输出	推挽	1	0	11		不使用
	开漏		1	见表 4.27		不使用
输入	模拟输入	0	0	00		不使用
	浮空输入		1			不使用
	下拉输入	1	0			0
	上拉输入					1

表 4.27 输出模式位

MODE[1:0]	含 义
00	保留
01	最大输出速度为 10MHz
10	最大输出速度为 2MHz
11	最大输出速度为 50MHz

4.4.2 端口输入数据寄存器

端口输入数据寄存器(GPIOx_IDR)(x=A,B,…,E)偏移地址为 0x08,复位值为 0x0000 XXXX,其位域如图 4.7 所示,具体描述见表 4.28。

31	30	29	28	27	26	25	24	23	22	21	20	19	18	17	16
保留															

15	14	13	12	11	10	9	8	7	6	5	4	3	2	1	0
IDR15	IDR14	IDR13	IDR12	IDR11	IDR10	IDR9	IDR8	IDR7	IDR6	IDR5	IDR4	IDR3	IDR2	IDR1	IDR0
r	r	r	r	r	r	r	r	r	r	r	r	r	r	r	r

图 4.7 端口输入数据寄存器

表 4.28　端口输入数据寄存器具体描述

位	描　述
31:16	保留,始终读为 0
15:0	IDR[15:0]为端口输入数据(Port input data)。这些位只读,并只能以字(16 位)的形式读出。读出的值为对应 I/O 口的状态

4.4.3　端口输出数据寄存器

端口输出数据寄存器(GPIOx_ODR)(x＝A,B,…,E)偏移地址为 0x0C,复位值为 0x0000 0000,其位域如图 4.8 所示,具体描述见表 4.29。

31	30	29	28	27	26	25	24	23	22	21	20	19	18	17	16
保留															

15	14	13	12	11	10	9	8	7	6	5	4	3	2	1	0
ODR15	ODR14	ODR13	ODR12	ODR11	ODR10	ODR9	ODR8	ODR7	ODR6	ODR5	ODR4	ODR3	ODR2	ODR1	ODR0
rw	rw	rw	rw	rw	rw	rw	rw	rw	rw	rw	rw	rw	rw	rw	rw

图 4.8　端口输出数据寄存器

表 4.29　端口输出数据寄存器具体描述

位	描　述
31:16	保留,始终读为 0
15:0	ODR[15:0]为端口输出数据,这些位可读可写,并只能以字(16 位)的形式操作 注:对 GPIOx_BSRR(x＝A,B,…,E)),可以分别对各个 ODR 位进行独立的设置/清除

4.4.4　端口位设置/清除寄存器

端口位设置/清除寄存器(GPIOx_BSRR)(x＝A,B,…,E)偏移地址为 0x10,复位值为 0x0000 0000,其位域如图 4.9 所示,具体描述见表 4.30。

31	30	29	28	27	26	25	24	23	22	21	20	19	18	17	16
BR15	BR14	BR13	BR12	BR11	BR10	BR9	BR8	BR7	BR6	BR5	BR4	BR3	BR2	BR1	BR0
w	w	w	w	w	w	w	w	w	w	w	w	w	w	w	w

15	14	13	12	11	10	9	8	7	6	5	4	3	2	1	0
BS15	BS14	BS13	BS12	BS11	BS10	BS9	BS8	BS7	BS6	BS5	BS4	BS3	BS2	BS1	BS0

图 4.9　端口位设置/清除寄存器

表 4.30 端口位设置/清除寄存器具体描述

位	描　　述
31:16	BRy：清除端口 x 的位 y（y＝0,1,…,15）。这些位只能写入并只能以字（16 位）的形式操作 0：对对应的 ODRy 位不产生影响 1：清除对应的 ODRy 位为 0 注：如果同时设置了 BSy 和 BRy 的对应位,BSy 位起作用。
15:0	BSy：设置端口 x 的位 y（＝0,1,…,15）。这些位只能写入并只能以字（16 位）的形式操作 0：对对应的 ODRy 位不产生影响 1：设置对应的 ODRy 位为 1

4.4.5 端口位清除寄存器

端口位设置/清除寄存器（GPIOx_BRR）（x＝A,B,…,E）偏移地址为 0x14,复位值为 0x0000 0000,其位域如图 4.10 所示,具体描述见表 4.31。

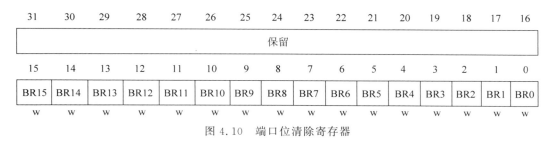

图 4.10 端口位清除寄存器

表 4.31 端口位清除寄存器具体描述

位	描　　述
31:16	保留
15:0	BRy[15:0]：清除端口 x 的位 y（y＝0,1,…,15）。这些位只能写入并只能以字（16 位）的形式操作 0：对对应的 ODRy 位不产生影响 1：清除对应的 ODRy 位为 0

4.5 GPIO 的应用实例

4.5.1 引脚重映射功能的设置方法

（1）使能相关的 GPIO 时钟和 AFIO 复用时钟。

（2）调用 GPIO 引脚重映射配置函数 GPIO_PinRemapConfig(),设置引脚重映射功能。

4.5.2　GPIO 的初始化步骤

(1) 使能 GPIO 时钟。

(2) 初始化 GPIO 的输入/输出模式。

(3) 设置 GPIO 的输出值或获取 GPIO 的输入值。

4.5.3　GPIO 位带操作设置方法

由 2.1.3 节可知,可以将位带区中对某位的位操作转化成对位带别名区相应字的操作。位带区地址和位带别名区对应地址的关系见式(4-1)和式(4-2),其中 A 是位带区要操作的位所在的单元地址,n 是该位在该单元中所在的位置。

SRAM 区地址: $0x20000000 \sim 0x200FFFFF$

$$\text{AliasAddr}_{\text{SRAM}} = 0x22000000 + ((A - 0x20000000) \times 8 + n) \times 4 \qquad (4\text{-}1)$$

片上外设区地址: $0x40000000 \sim 0x400FFFFF$

$$\text{AliasAddr}_{\text{外设}} = 0x42000000 + ((A - 0x40000000) \times 8 + n) \times 4 \qquad (4\text{-}2)$$

编程时,采用带参数宏定义的方法,根据式(4-1)和式(4-2)中 A 和 n 的值,得到位带别名区中对应字(32b)的地址。

```
#define bitband(A,n)  * ((volatile u32 * )((A&0xf0000000) + 0x2000000 + ((((A&0xfffff)<< 3) + n)<< 2)))
```

宏定义中,"A&0xf0000000"的目的是得到地址 A 的最高位(十六进制位),因为当 A 处于外设位带区时,A 的最高位为 4; 而当 A 处于 SRAM 位带区时,A 的最高位为 2。"(A&0xF0000000)+0x20000000"就得到了式(4-1)和式(4-2)等号右边两项加数中的第一项加数:"0x42000000"或"0x22000000"; "A&0xFFFFFFFF"是得到"A-0x20000000"或"A-0x40000000"的结果,因为无论是"A-0x20000000"或"A-0x40000000",A 的剩余值只能在 0x00000~0xFFFFF 之间,所以只需要保留 A 的低 5 个十六进制位就对了; "<< 3"是"×8","<< 2"是"×4"。这样,

$$((A\&0xF0000000) + 0x20000000 + ((((A\&0xFFFFFFFF)<<3) + n)<<2)))$$

就得到了在位带区地址为 A 的单元中,位号为 n 的二进制位在位带别名区中所对应的地址值。在 C 语言中,这个值只是一个整数,还不能被计算机识别为地址,需要在该值前面加上强制类型转换运算符"(volatile u32 *)",将其数据类型强制转换为指向 32 位无符号 volatile 型数据的指针。最后,在整个表达式

$$((\text{volatile u32} *)((A\&0xF0000000) + 0x20000000 + ((((A\&0xFFFFF)<<3) + n)<<2)))$$

前加"*",表示该指针所指向的数据,即该位带别名区中对应地址中存放的内容(值)。

要使用位带操作对某个寄存器的第 n 位进行操作时,需要提供该寄存器的地址 A 和该位的位号 n。那么,寄存器的地址又是怎样得到的呢?

在 stm32f10x.h 中,STM32 固件库对每一种外设都定义了一个结构体类型,而这种外设的所有寄存器都被定义成了该结构体的一个成员。如 GPIO 结构体类型:

```
typedef struct
{
```

```
    __IO uint32_t CRL;
    __IO uint32_t CRH;
    __IO uint32_t IDR;
    __IO uint32_t ODR;
    __IO uint32_t BSRR;
    __IO uint32_t BRR;
    __IO uint32_t LCKR;
} GPIO_TypeDef;
```

STM32 固件库中将不同外设的地址定义为该外设所对应的结构体变量的指针(起始地址),如在 stm32f10x.h 中,定义了:

```
#define GPIOA                ((GPIO_TypeDef *) GPIOA_BASE)
#define GPIOB                ((GPIO_TypeDef *) GPIOB_BASE)
```

其中,GPIOA_BASE 就是 GPIOA 的起始地址,那么要知道 GPIOA 的 ODR 寄存器的地址,只需要将 ODR 寄存器的地址偏移值 0x0C 加在 GPIOA 的起始地址上就可以了。即:

$$GPIOA.ODR 寄存器的地址 = GPIOA\_BASE + 0x0C \tag{4-3}$$

例如,使用位带操作的方法控制 PC.1 引脚的高、低电平的核心程序如下:

```
#define bitband(A,n)   *((volatile u32 *)((A&0xF0000000) + 0x20000000 + ((((A&0xFFFFFFFF)<<3) + n)<<2)))
#define GPIOC_ODR_Addr (GPIOC_BASE + 0x0C)
#define PCout(n)   bitband(GPIOC_ODR_Addr,n)
int main(void)
{
    int i,j;
  led_init();
  while(1)
  {
    PCout(1) = 0;
    for(i = 0;i < 1000;i++)
    for(j = 0;j < 500;j++);
    PCout(1) = 1;
    for(i = 0;i < 1000;i++)
    for(j = 0;j < 500;j++);
  }
}
```

在 stm32f10x.h 定义了所有外设的地址:

```
#define TIM2                ((TIM_TypeDef *) TIM2_BASE)
#define TIM3                ((TIM_TypeDef *) TIM3_BASE)
#define TIM4                ((TIM_TypeDef *) TIM4_BASE)
#define TIM5                ((TIM_TypeDef *) TIM5_BASE)
#define TIM6                ((TIM_TypeDef *) TIM6_BASE)
#define TIM7                ((TIM_TypeDef *) TIM7_BASE)
#define TIM12               ((TIM_TypeDef *) TIM12_BASE)
#define TIM13               ((TIM_TypeDef *) TIM13_BASE)
#define TIM14               ((TIM_TypeDef *) TIM14_BASE)
#define RTC                 ((RTC_TypeDef *) RTC_BASE)
```

```
# define WWDG              ((WWDG_TypeDef * ) WWDG_BASE)
# define IWDG              ((IWDG_TypeDef * ) IWDG_BASE)
# define SPI2              ((SPI_TypeDef * ) SPI2_BASE)
# define SPI3              ((SPI_TypeDef * ) SPI3_BASE)
# define USART2            ((USART_TypeDef * ) USART2_BASE)
# define USART3            ((USART_TypeDef * ) USART3_BASE)
# define UART4             ((USART_TypeDef * ) UART4_BASE)
# define UART5             ((USART_TypeDef * ) UART5_BASE)
# define I2C1              ((I2C_TypeDef * ) I2C1_BASE)
# define I2C2              ((I2C_TypeDef * ) I2C2_BASE)
# define CAN1              ((CAN_TypeDef * ) CAN1_BASE)
# define CAN2              ((CAN_TypeDef * ) CAN2_BASE)
# define BKP               ((BKP_TypeDef * ) BKP_BASE)
# define PWR               ((PWR_TypeDef * ) PWR_BASE)
# define DAC               ((DAC_TypeDef * ) DAC_BASE)
# define CEC               ((CEC_TypeDef * ) CEC_BASE)
# define AFIO              ((AFIO_TypeDef * ) AFIO_BASE)
# define EXTI              ((EXTI_TypeDef * ) EXTI_BASE)
# define GPIOA             ((GPIO_TypeDef * ) GPIOA_BASE)
# define GPIOB             ((GPIO_TypeDef * ) GPIOB_BASE)
# define GPIOC             ((GPIO_TypeDef * ) GPIOC_BASE)
# define GPIOD             ((GPIO_TypeDef * ) GPIOD_BASE)
# define GPIOE             ((GPIO_TypeDef * ) GPIOE_BASE)
# define GPIOF             ((GPIO_TypeDef * ) GPIOF_BASE)
# define GPIOG             ((GPIO_TypeDef * ) GPIOG_BASE)
# define ADC1              ((ADC_TypeDef * ) ADC1_BASE)
# define ADC2              ((ADC_TypeDef * ) ADC2_BASE)
# define TIM1              ((TIM_TypeDef * ) TIM1_BASE)
# define SPI1              ((SPI_TypeDef * ) SPI1_BASE)
# define TIM8              ((TIM_TypeDef * ) TIM8_BASE)
# define USART1            ((USART_TypeDef * ) USART1_BASE)
# define ADC3              ((ADC_TypeDef * ) ADC3_BASE)
# define TIM15             ((TIM_TypeDef * ) TIM15_BASE)
# define TIM16             ((TIM_TypeDef * ) TIM16_BASE)
# define TIM17             ((TIM_TypeDef * ) TIM17_BASE)
# define TIM9              ((TIM_TypeDef * ) TIM9_BASE)
# define TIM10             ((TIM_TypeDef * ) TIM10_BASE)
# define TIM11             ((TIM_TypeDef * ) TIM11_BASE)
# define SDIO              ((SDIO_TypeDef * ) SDIO_BASE)
# define DMA1              ((DMA_TypeDef * ) DMA1_BASE)
# define DMA2              ((DMA_TypeDef * ) DMA2_BASE)
# define DMA1_Channel1     ((DMA_Channel_TypeDef * ) DMA1_Channel1_BASE)
# define DMA1_Channel2     ((DMA_Channel_TypeDef * ) DMA1_Channel2_BASE)
# define DMA1_Channel3     ((DMA_Channel_TypeDef * ) DMA1_Channel3_BASE)
# define DMA1_Channel4     ((DMA_Channel_TypeDef * ) DMA1_Channel4_BASE)
# define DMA1_Channel5     ((DMA_Channel_TypeDef * ) DMA1_Channel5_BASE)
# define DMA1_Channel6     ((DMA_Channel_TypeDef * ) DMA1_Channel6_BASE)
# define DMA1_Channel7     ((DMA_Channel_TypeDef * ) DMA1_Channel7_BASE)
# define DMA2_Channel1     ((DMA_Channel_TypeDef * ) DMA2_Channel1_BASE)
# define DMA2_Channel2     ((DMA_Channel_TypeDef * ) DMA2_Channel2_BASE)
# define DMA2_Channel3     ((DMA_Channel_TypeDef * ) DMA2_Channel3_BASE)
```

```
# define DMA2_Channel4          ((DMA_Channel_TypeDef * ) DMA2_Channel4_BASE)
# define DMA2_Channel5          ((DMA_Channel_TypeDef * ) DMA2_Channel5_BASE)
# define RCC                    ((RCC_TypeDef * ) RCC_BASE)
# define CRC                    ((CRC_TypeDef * ) CRC_BASE)
# define FLASH                  ((FLASH_TypeDef * ) FLASH_R_BASE)
# define OB                     ((OB_TypeDef * ) OB_BASE)
# define ETH                    ((ETH_TypeDef * ) ETH_BASE)
# define FSMC_Bank1             ((FSMC_Bank1_TypeDef * ) FSMC_Bank1_R_BASE)
# define FSMC_Bank1E            ((FSMC_Bank1E_TypeDef * ) FSMC_Bank1E_R_BASE)
# define FSMC_Bank2             ((FSMC_Bank2_TypeDef * ) FSMC_Bank2_R_BASE)
# define FSMC_Bank3             ((FSMC_Bank3_TypeDef * ) FSMC_Bank3_R_BASE)
# define FSMC_Bank4             ((FSMC_Bank4_TypeDef * ) FSMC_Bank4_R_BASE)
# define DBGMCU                 ((DBGMCU_TypeDef * ) DBGMCU_BASE)
```

4.5.4 GPIO 应用实例

【例 4.1】 实现如图 4.11 所示按键控制不同的 LED 灯发光。

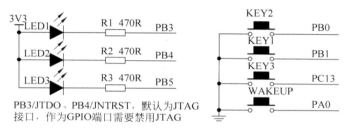

图 4.11 例 4.1 图

代码实现如下:

```
void LED_Init( )
{
//定义 GPIO 初始化结构参数变量
GPIO_InitTypeDef  GPIO_InitStructure;
//使能 GPIOB 时钟
RCC_APB2PeriphClockCmd(RCC_APB2Periph_GPIOB|RCC_APB2Periph_AFIO,ENABLE);
//关闭 JTAG,使能 SWD 接口,这样 PB3 和 PB4 可作为 GPIO 口使用
GPIO_PinRemapConfig(GPIO_Remap_SWJ_JTAGDisable,ENABLE);
//设置 PB.3~PB.5 为推挽输出
GPIO_InitStructure.GPIO_Pin = GPIO_Pin_3|GPIO_Pin_4|GPIO_Pin_5;
//IO 口速度为 50MHz
GPIO_InitStructure.GPIO_Speed = GPIO_Speed_50MHz;
//推挽输出
GPIO_InitStructure.GPIO_Mode = GPIO_Mode_Out_PP;
//根据设定参数初始化 GPIOB
GPIO_Init(GPIOB,&GPIO_InitStructure);
//PB.3 - PB.4 - PB.5 输出高 ,LED 不亮
GPIO_SetBits(GPIOB,GPIO_Pin_3|GPIO_Pin_4|GPIO_Pin_5);
}
//按键初始化函数
void KEY_Init(void)                           //I/O 初始化
```

```
{
    GPIO_InitTypeDef GPIO_InitStructure;
RCC_APB2PeriphClockCmd(RCC_APB2Periph_GPIOA|RCC_APB2Periph_GPIOB|RCC_APB2Periph_GPIOC,
ENABLE);                                            //使能 PA、PB、PC 时钟
        //配置 GPIOB.0 1,即按键 KEY2 1
    GPIO_InitStructure.GPIO_Pin    = GPIO_Pin_0|GPIO_Pin_1;
    GPIO_InitStructure.GPIO_Mode = GPIO_Mode_IPU;       //设置成上拉输入
        GPIO_Init(GPIOB, &GPIO_InitStructure);          //初始化 GPIOB
    //配置 GPIOC.13,即按键 KEY3
    GPIO_InitStructure.GPIO_Pin    = GPIO_Pin_13;
    GPIO_InitStructure.GPIO_Mode = GPIO_Mode_IPU;       //设置成上拉输入
        GPIO_Init(GPIOC, &GPIO_InitStructure);          //初始化 GPIOC
    //配置 GPIOA.0,即按键 WAKEUP
    GPIO_InitStructure.GPIO_Pin    = GPIO_Pin_0;
    GPIO_InitStructure.GPIO_Mode = GPIO_Mode_IPU;       //设置成上拉输入
        GPIO_Init(GPIOA, &GPIO_InitStructure);          //初始化 GPIOA
}
u8 keyscan(void)
{
u8 flag = 0;
if(GPIO_ReadInputDataBit(GPIOB,GPIO_Pin_0) == 0)
{
  delay_ms(10);
  if(GPIO_ReadInputDataBit(GPIOB,GPIO_Pin_0) == 0)flag = 1;
  while(GPIO_ReadInputDataBit(GPIOB,GPIO_Pin_0) == 0);
}
return flag;
}
int main(void)
{
    int i;
    LED_Init();
    KEY_Init();
     while(1)
 {
 if(keyscan() == 1)
 {
    i = (i + 1) % 2;
    if(i == 0)
    {
      GPIO_ResetBits(GPIOB,GPIO_Pin_1|GPIO_Pin_3|GPIO_Pin_5);
    }
     else if(i == 1)
    {
      GPIO_SetBits(GPIOB,GPIO_Pin_1|GPIO_Pin_3|GPIO_Pin_5);
    }
 }
    }
  }
}
```

【例 4.2】 电路连接同例 4.1,使用不同的方法实现跑马灯。

核心程序如下:

```
void myled_init(void)                                    //定义的 LED 的函数
{
    GPIO_InitTypeDef GPIO_InitStruct;
//1: 使能 GPIOB 时钟(定义 LED 就是使用这 PB3,PB4,PB5)和复用 AFIO 时钟
RCC_APB2PeriphClockCmd(RCC_APB2Periph_AFIO|RCC_APB2Periph_GPIOB,ENABLE);
//3:失能 JTAG 功能,使 PB3 和 PB4 作 I/O 口用
GPIO_PinRemapConfig(GPIO_Remap_SWJ_JTAGDisable,ENABLE);
//4:初始化 GPIOB3,GPIOB4,GPIOB5 的输入/输出模式
GPIO_InitStruct.GPIO_Mode = GPIO_Mode_Out_PP;
GPIO_InitStruct.GPIO_Pin = GPIO_Pin_3|GPIO_Pin_4|GPIO_Pin_5;
GPIO_InitStruct.GPIO_Speed = GPIO_Speed_10MHz;
GPIO_Init(GPIOB,&GPIO_InitStruct);
}
int main(void)
{
int   i,j;
  myled_init( );
  GPIOB->ODR = 0xFFFFFFF7;
for(i=0;i<1000;i++)
    for(j=0;j<200;j++);
GPIOB->ODR = 0xFFFFFFFF;
for(i=0;i<1000;i++)
    for(j=0;j<200;j++);
GPIO_ResetBits(GPIOB,GPIO_Pin_5);
for(i=0;i<1000;i++)
    for(j=0;j<200;j++);
GPIO_SetBits(GPIOB,GPIO_Pin_5);
for(i=0;i<1000;i++)
    for(j=0;j<200;j++);
GPIO_Write(GPIOB,0xFFF7);
for(i=0;i<1000;i++)
    for(j=0;j<2000;j++);
GPIO_Write(GPIOB,0xFFEF);
for(i=0;i<1000;i++)
    for(j=0;j<2000;j++);
GPIO_Write(GPIOB,0xFFDF);
for(i=0;i<1000;i++)
    for(j=0;j<2000;j++);
GPIO_WriteBit(GPIOB,GPIO_Pin_3,(BitAction)0x01);
GPIO_WriteBit(GPIOB,GPIO_Pin_4,(BitAction)0x00);
GPIO_WriteBit(GPIOB,GPIO_Pin_5,(BitAction)0x01);
for(i=0;i<1000;i++)
    for(j=0;j<2000;j++);
GPIO_WriteBit(GPIOB,GPIO_Pin_3,(BitAction)0x01);
GPIO_WriteBit(GPIOB,GPIO_Pin_4,(BitAction)0x01);
GPIO_WriteBit(GPIOB,GPIO_Pin_5,(BitAction)0x00);
for(i=0;i<1000;i++)
    for(j=0;j<2000;j++);
}
```

第5章 外部中断的原理与应用

CHAPTER 5

外部中断(EXTernal Interrupt,EXTI)通过 GPIO 引脚输入外部中断请求信号(上升沿或下降沿),引发中断——CPU 在正常执行程序的过程中,由于某个事件的原因,暂停 CPU 正在执行的程序,转去执行处理该事件的中断服务程序,中断服务程序执行完后,再返回刚才暂停的位置,继续执行刚才被暂停的程序,这个过程叫作"中断"。

5.1 中断的概念

5.1.1 中断的作用

最初中断技术引入计算机系统,是为了消除快速 CPU 和慢速外设之间进行数据传输时的矛盾。因为慢速外设准备好数据需要很长时间,如果不使用中断技术,就会使快速 CPU 长时间等待,降低了 CPU 的效率。而使用中断技术后,在慢速外设准备数据期间,快速 CPU 可以处理其他事务,待慢速外设准备好数据后,向 CPU 发出中断请求。CPU 收到慢速外设的中断请求后,暂停正在执行的程序,转去接收慢速外设的数据,接收完数据后,再返回刚才暂停处,继续执行刚才暂停的程序,这就提高了 CPU 的效率。除此之外,中断还具有以下几个功能。

(1)可以实现多个外设同时工作,提高了效率。

(2)可以实现实时处理,对采集的信息进行实时处理。

(3)可以实现故障处理。由于故障是随机事件,事先无法预测,因而中断技术是故障处理的有效方法。

5.1.2 中断的常见术语

(1)中断源:可以引起中断的事件或设备称为"中断源"。根据中断源不同,中断可分为 3 类:由计算机本身的硬件异常引起的中断,称为内部异常中断;由 CPU 执行中断指令引起的中断,称为软件中断或软中断;由外部设备(输入设备/输出设备)请求引起的中断,称为硬件中断或外部中断。

(2)中断请求、中断响应、中断服务、中断返回:中断请求就是中断源对 CPU 发出处理中断的要求;中断响应就是 CPU 转去执行中断服务程序;中断服务就是 CPU 执行中断服务程序的过程;中断返回就是 CPU 执行完中断服务程序后,返回响应中断时暂停的位置。

一个完整的中断处理过程包含了中断请求、中断响应、中断服务和中断返回。

（3）中断服务程序和中断向量：处理中断的程序叫中断服务程序。中断服务程序的入口（起始）地址叫中断向量。

（4）中断的优先级：当多个中断源同时发出中断请求时，需要设置一个优先权等级以决定 CPU 响应中断请求（执行对应的中断服务程序）的先后顺序，这个优先权等级就是中断的优先级。

（5）中断嵌套：一个低中断优先级的中断在执行过程中，可以被高中断优先级的中断打断——CPU 暂停正在执行的低优先级中断，转去执行高优先级的中断，高优先级中断执行完后，返回刚才暂停处继续执行低优先级中断，这个过程叫中断嵌套。

（6）中断系统：实现中断处理功能的软件、硬件系统。

5.2　NVIC 中断管理

Cortex-M3 内核支持 256 个中断，其中包含了 16 个内核中断和 240 个外部中断，并且具有 256 级的可编程中断设置。STM32F103 系列有 60 个可屏蔽中断（在 STM32F107 系列才有 68 个），这么多个中断是如何管理的呢？

5.2.1　抢占优先级和响应优先级

STM32 的中断优先级有两种：一种是"抢占优先级"，另一种是"响应优先级"。优先级数值越小，优先级越高。抢占优先级具有"抢占"的属性，即"高抢占优先级"的中断可以打断"低抢占优先级"的中断。而响应优先级只有"响应"的属性，即这种优先级只影响哪个中断优先被响应。但要注意，由于抢占优先级可以打断其他中断，所以哪个中断先被响应是"抢占优先级"起决定作用，因为即使一个中断因为高的响应优先级而先被响应（CPU 先去执行该中断的处理程序）了，也会因为低抢占优先级而被其他中断打断，实际还是先处理了高抢占优先级的中断。

例如，假定设置中断 3（RTC 中断）的抢占优先级为 2，响应优先级为 1。中断 6（外部中断 0）的抢占优先级为 3，响应优先级为 0。中断 7（外部中断 1）的抢占优先级为 2，响应优先级为 0。那么这 3 个中断的优先级顺序为：中断 7>中断 3>中断 6。

5.2.2　中断优先级分组

中断分为 5 组，如表 5.1 所示。STM32 使用中断优先级控制的寄存器组 IP[240]（全称是 Interrupt Priority Register）设置中断的优先级，每个中断使用一个寄存器来确定优先级。STM32F103 系列一共有 60 个可屏蔽中断，使用 IP[59]～IP[0]。每个 IP 寄存器的高 4 位用来设置抢占和响应优先级的等级，低 4 位没有用到。那么在这高 4 位中，用多少位设置抢占优先级的等级，多少位用来设置响应优先级的等级？这是由"中断优先级分组"决定的。

表 5.1　中断优先级分组表

分　　组	IP[7:4]分配情况
0	0 位抢占优先级,4 位响应优先级
1	1 位抢占优先级,3 位响应优先级
2	2 位抢占优先级,2 位响应优先级
3	3 位抢占优先级,1 位响应优先级
4	4 位抢占优先级,0 位响应优先级

　　当设置中断优先级分组为 2 组时,在 IP 寄存器中,抢占优先级和响应优先级都是 2 位来设置,因此,两个优先级等级范围都为 0～3,那么编程设置时,两个优先级等级都不能超过 3。

　　另外要注意,一旦中断优先级分组设置好了,也就意味着 IP 寄存器中设置抢占和响应优先级的位数分配好了,在程序中就不要再随意改动了。因为优先级分组一改,会造成程序中设置好的中断的优先级都跟着起变化,进而引起程序执行错误。

5.2.3　NVIC 中断管理相关函数

　　在 misc.h 中与 NVIC 相关的库函数声明的函数主要有两个:优先级分组的函数 NVIC_PriorityGroupConfig()和设置中断优先级的函数 NVIC_Init()。示例代码如下:

```
NVIC_InitTypeDef  NVIC_InitStruct;
NVIC_PriorityGroupConfig(NVIC_PriorityGroup_2);
NVIC_InitStruct.NVIC_IRQChannel = TIM3_IRQn;
NVIC_InitStruct.NVIC_IRQChannelCmd = ENABLE;
NVIC_InitStruct.NVIC_IRQChannelPreemptionPriority = 1;
NVIC_InitStruct.NVIC_IRQChannelSubPriority = 2;
NVIC_Init(&NVIC_InitStruct);
```

其中,中断优先级分组被设置为分组 2,NVIC_InitStruct.NVIC_IRQChannel 的值是中断请求的名字,在 stm32f10x.h 文件中定义了所有中断请求的名字。

- VIC_InitStruct.NVIC_IRQChannelPreemptionPriority 指抢占优先级的等级。
- VIC_InitStruct.NVIC_IRQChannelSubPriority 指响应优先级的等级。

5.3　EXTI 外部中断

5.3.1　中断请求信号的输入脚

　　STM32 的每个 GPIO 引脚都可以复用为 EXTI 的外部中断请求信号输入脚。这里的复用是指 STM32 上电复位后引脚的功能不是 EXTI 输入,而是 GPIO 功能,但可以通过程序设置成 EXTI 输入功能。STM32 的中断控制器支持 19 个外部中断/事件请求,其中 0～15 外部中断/事件请求对应外部 I/O 口的输入中断。16 连接到 PVD 输出。17 连接到 RTC 闹钟事件。18 连接到 USB 唤醒事件。即 STM32 的外部中断线只有 0～15 共 16 根。那么 I/O 脚是如何和外部中断线对应起来的呢?

　　由图 5.1 可以看到,GPIO 引脚和 EXTI 线的映射关系为:GPIOx.0 映射到 EXTI0,GPIOx.1 映射到 EXTI1,……,GPIOx.15 映射到 EXTI15。

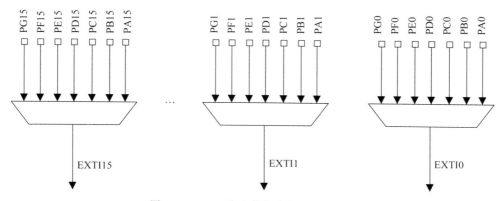

图 5.1 GPIO 脚和外部中断线的映射关系

5.3.2 EXTI 线对应的中断函数

I/O 口外部中断在中断向量表中只分配了 7 个中断向量,也就是只能使用 7 个中断服务函数,如表 5.2 所示。

表 5.2 中断线与中断函数名对应表

EXTI 线	中断函数名
EXTI0	EXTI0_IRQHandler
EXTI1	EXTI1_IRQHandler
EXTI2	EXTI2_IRQHandler
EXTI3	EXTI3_IRQHandler
EXTI4	EXTI4_IRQHandler
EXTI9_5	EXTI9_5_IRQHandler
EXTI15_10	EXTI15_10_IRQHandler

注意:所有中断函数名都可以在 startup_stm32f10x_md.s 这样的启动文件中找到。

5.4 EXTI 的常用库函数

5.4.1 函数 EXTI_Init()

函数 EXTI_Init()在 stm32f10x_gpio.h 文件中声明,具体描述如表 5.3 所示。

表 5.3 EXTI_Init()函数描述表

函数名	EXTI_Init
函数原型	void EXTI_ Init(EXTI_InitTypeDef * EXTI_InitStruct)
功能描述	根据 EXTI_InitStruct 中指定的参数初始化外设 EXTI 寄存器
输入参数	EXTI_InitStruct:指向结构 EXTI_InitTypeDef 的指针,包含了外设 EXTI 的配置信息,参阅"Section:EXTI_InitTypeDef",了解该参数允许的取值范围的更多内容
输出参数	无
返回值	无
先决条件	无
被调用函数	无

EXTI_InitTypeDef 在文件 stm32f10x_exti. h 中定义：

```
typedef struct
{
  u32 EXTI_Line;
  EXTIMode_TypeDef EXTI_Mode;
  EXTIrigger_TypeDef EXTI_Trigger;
  FunctionalState EXTI_LineCmd;
} EXTI_InitTypeDef;
```

参数 EXTI_Mode 设置了被使能线路的模式，参数值如表 5.4 所示。

表 5.4　EXTI_Mode 取值

EXTI_Mode 的值	描　　述
EXTI_Mode_Event	设置 EXTI 线路为事件请求
EXTI_Mode_Interrupt	设置 EXTI 线路为中断请求

参数 EXTI_Trigger 设置了被使能线路的触发边沿，参数值如表 5.5 所示。

表 5.5　EXTI_Trigger 取值

EXTI_Trigger 的值	描　　述
EXTI_Trigger_Falling	设置输入线路下降沿为中断请求
EXTI_Trigger_Rising	设置输入线路上升沿为中断请求
EXTI_Trigger_Rising_Falling	设置输入线路上升沿和下降沿为中断请求

相关参数的定义实例代码如下：

```
EXTI_InitStruct. EXTI_Line = EXTI_Line11|EXTI_Line13;
EXTI_InitStruct. EXTI_LineCmd = ENABLE;
EXTI_InitStruct. EXTI_Mode = EXTI_Mode_Interrupt;
EXTI_InitStruct. EXTI_Trigger = EXTI_Trigger_Falling;
EXTI_Init(&EXTI_InitStruct);
```

5.4.2　函数 GPIO_EXTILineConfig( )

这个函数的声明在 stm32f10x_gpio. h 文件中，具体描述如表 5.6 所示。

表 5.6　GPIO_EXTILineConfig( )函数描述表

函数名	GPIO_EXTILineConfig
函数原型	void GPIO_EXTILineConfig(u8 GPIO_PortSource，u8 GPIO_PinSource)
功能描述	选择 GPIO 引脚用作外部中断线路
输入参数 1	GPIO_PortSource：选择用作外部中断线源的 GPIO 端口 参阅"Section：GPIO_PortSource"，了解该参数允许的取值范围的更多内容
输入参数 2	EXTI_PinSource：待设置的外部中断线路 该参数可以取 GPIO_PinSourcex(x 可以是 0～15)
输出参数	无
返回值	无
先决条件	无
被调用函数	无

函数调用实例代码如下:

```
/* Selects PB.8 as EXTI Line 8 */
GPIO_EXTILineConfig(GPIO_PortSource_GPIOB, GPIO_PinSource8);
```

5.5　EXTI 的应用实例

5.5.1　EXTI 的初始化步骤

(1) 使能 EXTI 线所在的 GPIO 时钟和 AFIO 复用时钟。
(2) 初始化 EXTI 线所在的 GPIO 的输入输出模式。
(3) 将 GPIO 脚映射到对应的 EXTI 线上。
(4) 设置 NVIC 优先级分组,初始化 NVIC。
(5) 初始化 EXTI。

5.5.2　EXTI 应用实例

【例 5.1】　实现图 5.2 所示按键控制 LED 灯发光花样。

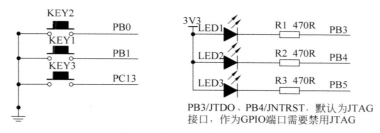

图 5.2　例 5.1 程序对应电路图

```
# include "stm32f10x.h"
# include "exti.h"
# include "led.h"
# define bitband(A, n)  * ((volatile u32  * )((A&0xf0000000) + 0x2000000 + ((((A&0xfffff)<< 3) +
n)<< 2)))
# define GPIOB_ODR_Addr (GPIOB_BASE + 0x0C)
# define PBout(n) bitband(GPIOB_ODR_Addr,n)
void exti_init(void)
{
 GPIO_InitTypeDef GPIO_InitStruct;
 EXTI_InitTypeDef EXTI_InitStruct;
 NVIC_InitTypeDef NVIC_InitStruct;

 RCC_APB2PeriphClockCmd(RCC_APB2Periph_AFIO|RCC_APB2Periph_GPIOB
  |RCC_APB2Periph_GPIOC,ENABLE);

 GPIO_InitStruct.GPIO_Mode = GPIO_Mode_IPU;
 GPIO_InitStruct.GPIO_Pin = GPIO_Pin_0|GPIO_Pin_1;
 GPIO_Init(GPIOB,&GPIO_InitStruct);
```

```
        GPIO_InitStruct.GPIO_Mode = GPIO_Mode_IPU;
        GPIO_InitStruct.GPIO_Pin = GPIO_Pin_13;
        GPIO_Init(GPIOC,&GPIO_InitStruct);

        //GPIO_EXTILineConfig 函数声明在 stm32f10x_gpio.h 中
        GPIO_EXTILineConfig(GPIO_PortSourceGPIOB,GPIO_PinSource0);
        GPIO_EXTILineConfig(GPIO_PortSourceGPIOB,GPIO_PinSource1);
        GPIO_EXTILineConfig(GPIO_PortSourceGPIOC,GPIO_PinSource13);

        NVIC_PriorityGroupConfig(NVIC_PriorityGroup_2);         //NVIC 相关函数声明在 misc.h 中
        NVIC_InitStruct.NVIC_IRQChannel = EXTI0_IRQn;           //中断请求名在 stm32f10x.h 中
        NVIC_InitStruct.NVIC_IRQChannelCmd = ENABLE;
        NVIC_InitStruct.NVIC_IRQChannelPreemptionPriority = 0;
        NVIC_InitStruct.NVIC_IRQChannelSubPriority = 2;
        NVIC_Init(&NVIC_InitStruct);

        NVIC_InitStruct.NVIC_IRQChannel = EXTI1_IRQn;
        NVIC_InitStruct.NVIC_IRQChannelCmd = ENABLE;
        NVIC_InitStruct.NVIC_IRQChannelPreemptionPriority = 1; //抢占优先级
        NVIC_InitStruct.NVIC_IRQChannelSubPriority = 2;        //响应优先级
        NVIC_Init(&NVIC_InitStruct);

        NVIC_InitStruct.NVIC_IRQChannel = EXTI15_10_IRQn;
        NVIC_InitStruct.NVIC_IRQChannelCmd = ENABLE;
        NVIC_InitStruct.NVIC_IRQChannelPreemptionPriority = 2;
        NVIC_InitStruct.NVIC_IRQChannelSubPriority = 2;
        NVIC_Init(&NVIC_InitStruct);

        EXTI_InitStruct.EXTI_Line = EXTI_Line0|EXTI_Line1;
        EXTI_InitStruct.EXTI_LineCmd = ENABLE;
        EXTI_InitStruct.EXTI_Mode = EXTI_Mode_Interrupt;
        EXTI_InitStruct.EXTI_Trigger = EXTI_Trigger_Falling;
        EXTI_Init(&EXTI_InitStruct);

        EXTI_InitStruct.EXTI_Line = EXTI_Line13;
        EXTI_InitStruct.EXTI_LineCmd = ENABLE;
        EXTI_InitStruct.EXTI_Mode = EXTI_Mode_Interrupt;
        EXTI_InitStruct.EXTI_Trigger = EXTI_Trigger_Falling;
        EXTI_Init(&EXTI_InitStruct);

    }

    void EXTI0_IRQHandler(void)
    {
      if(EXTI_GetITStatus(EXTI_Line0) == SET)
        water_led_register();
      EXTI_ClearITPendingBit(EXTI_Line0);
    }

    void EXTI1_IRQHandler(void)
    {
```

```
    if(EXTI_GetITStatus(EXTI_Line1) == SET)
        blink_register();
    EXTI_ClearITPendingBit(EXTI_Line1);
}


void EXTI15_10_IRQHandler(void)
{
    if(EXTI_GetITStatus(EXTI_Line13) == SET)
        centerflower_bitband();
    EXTI_ClearITPendingBit(EXTI_Line13);
}


void Delay(u32 count)
{
    u32 i = 0;
    for(; i < count; i++);
}


/ ************************************************************************
GPIO 初始化函数步骤:
1. 使能 PB 时钟、AFIO 时钟
2. 失能 JTAG/SWD 下载功能以恢复 PB3,PB4 的 IO 功能
3. 初始化 PB3,PB4,PB5 为推挽输出
 ************************************************************************ /
void led_init_register(void)
{
 RCC -> APB2ENR |= (0x01|(0x01 << 3));
 AFIO -> MAPR = (0x4 << 24);
 GPIOB -> CRL |= (0x01 << 12)|(0x01 << 16)|(0x01 << 20);

}


void led_init_libfunc(void)
{
    GPIO_InitTypeDef GPIO_InitStruct;

RCC_APB2PeriphClockCmd(RCC_APB2Periph_GPIOB|RCC_APB2Periph_AFIO,ENABLE);
    GPIO_PinRemapConfig(GPIO_Remap_SWJ_JTAGDisable,ENABLE);

    GPIO_InitStruct.GPIO_Mode = GPIO_Mode_Out_PP;
    GPIO_InitStruct.GPIO_Pin = GPIO_Pin_3|GPIO_Pin_4|GPIO_Pin_5;
    GPIO_InitStruct.GPIO_Speed = GPIO_Speed_10MHz;
    GPIO_Init(GPIOB,&GPIO_InitStruct);
}


void water_led_register(void)
{
    char i = 4;
    //使用寄存器控制 GPIOB 输出
        while(i!= 0)
            {
```

```
                    GPIOB -> ODR  =  0xffff;
                    GPIOB -> ODR & =  ～(0x01 << 3);
                    Delay(3000000);

                    GPIOB -> ODR  =  0xffff;
                    GPIOB -> ODR & =  ～(0x01 << 4);
                    Delay(3000000);

                    GPIOB -> ODR  =  0xffff;
                    GPIOB -> ODR & =  ～(0x01 << 5);
                    Delay(3000000);

                    i -- ;
                }
        }


void blink_register(void)
{
    char i = 4;
    while( i != 0)
            {
                GPIOB -> BRR  =  (0x01 << 3)|(0x01 << 4)|(0x01 << 5);
                Delay(3000000);

                GPIOB -> BSRR  =  (0x01 << 3)|(0x01 << 4)|(0x01 << 5);
                Delay(3000000);

                GPIOB -> BSRR  =  ((0x01 << 3)|(0x01 << 4)|(0x01 << 5))<< 16;
                Delay(3000000);

                GPIOB -> BSRR  =  (0x01 << 3)|(0x01 << 4)|(0x01 << 5);
                Delay(3000000);

                i -- ;
            }

}

void blink2water_libfunc(void)
{
    char i = 4;
    //使用库函数控制 GPIOB 输出
        while( i != 0)
            {
                GPIO_SetBits(GPIOB, GPIO_Pin_3|GPIO_Pin_4|GPIO_Pin_5);
                Delay(3000000);

                GPIO_ResetBits(GPIOB, GPIO_Pin_3);
                Delay(3000000);

                GPIO_SetBits(GPIOB, GPIO_Pin_3|GPIO_Pin_4|GPIO_Pin_5);
```

```
            Delay(3000000);

        GPIO_ResetBits(GPIOB,GPIO_Pin_3);
        Delay(3000000);

        GPIO_WriteBit(GPIOB,GPIO_Pin_3|GPIO_Pin_4|GPIO_Pin_5,Bit_SET);
        Delay(3000000);

        GPIO_WriteBit(GPIOB,GPIO_Pin_4,Bit_RESET);
        Delay(3000000);

        GPIO_WriteBit(GPIOB,GPIO_Pin_3|GPIO_Pin_4|GPIO_Pin_5,Bit_SET);
        Delay(3000000);

        GPIO_WriteBit(GPIOB,GPIO_Pin_4,Bit_RESET);
        Delay(3000000);

        GPIO_Write(GPIOB,0xffff);
        Delay(3000000);

        GPIO_Write(GPIOB,~(0x01<<5));
        Delay(3000000);

        GPIO_Write(GPIOB,0xffff);
        Delay(3000000);

        GPIO_Write(GPIOB,~(0x01<<5));
        Delay(3000000);

        i--;
    }
}

void centerflower_bitband(void)
{
    char i = 4;
    //使用位带操作控制 GPIOB 输出
        while(i!= 0)
        {
            PBout(3) = 1;
            PBout(4) = 1;
            PBout(5) = 1;
            Delay(3000000);

            PBout(3) = 1;
            PBout(4) = 0;
            PBout(5) = 1;
            Delay(3000000);

            PBout(3) = 0;
            PBout(4) = 1;
```

```
            PBout(5) = 0;
            Delay(3000000);

            i -- ;
        }
}


int main(void)
{
    led_init_libfunc();
    exti_init();

    while(1)
    blink2water_libfunc();
}
```

## 第 6 章

USART 的工作原理与应用

通用同步异步收发器(Universal Synchronous/Asynchronous Receiver/Transmitter, USART)提供了多种数据通信方式,这里只介绍 UART 的通信方式。

6.1 串行通信基础

6.1.1 并行通信与串行通信

在单片机通信中,按照数字信号的二进制位的排列方式可以分为串行通信和并行通信两种。

(1)串行通信如图 6.1 所示,使用一根传输线,按位依次传输数据。同一时刻只有一个二进制位(bit)的数据在传输。

(2)并行通信如图 6.2 所示,使用多根传输线,同一时刻有多个二进制位的数据同时在多根传输线上传输。

图 6.1 串行通信示意图

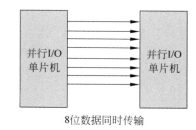

图 6.2 并行通信示意图

串行通信传输线少,长距离传输时成本低,且可以利用电话网等现成设备,因此在单片机应用系统中,串行通信的使用非常普遍。

6.1.2 同步通信与异步通信

按照串行通信中时钟的控制方式,可分为同步通信和异步通信两种方式。

同步通信是指收、发双方使用同一个时钟控制数据的发送和接收,以达到发送方和接收方完全同步。在同步通信中,发送方将多个字符的开始加上同步字符组成一个信息帧发送;接收方检测到同步字符时,将此后的数位作为传输的有效数据处理。在同步通信中,字符必须连续传输,不允许有间隙,因此在传输线上没有字符传输时,也要发送专用的"空闲"字符或同步字符。同步通信示意图及其数据格式如图6.3所示。

图 6.3　同步串行通信及其数据格式示意图

图6.3中同步通信数据格式可以是单同步或双同步字格式,此时同步通信信息帧中的同步字符分别为1个或2个。同步串行通信要求通信双方使用同一个时钟,一次传输一个大的数据块,因此比异步传输效率高、速度高。

异步通信是指收、发双方使用不同的时钟控制数据的发送和接收。异步串行通信以一帧为单位进行数据传输,一次传送一帧数据,每帧数据中都包含起始位(0)、数据位、停止位(1),帧与帧之间可以有间隙,即空闲状态,此时通信线路处于逻辑1状态。异步串行通信的示意图和帧格式如图6.4所示。

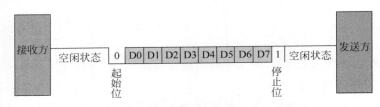

图 6.4　异步串行通信及其数据格式示意图

异步串行通信不要求通信双方时钟严格一致,因此可以少接一条同步时钟信号线,这使得其实现容易,成本低,但是每个数据帧要附加起始位、停止位有时还要加上校验位,适用于低速、以字节为单位传输的通信场合。

6.1.3　单工与双工传输模式

按照通信中数据传输的方向和时间,可以分为单工通信、双工通信两种方式,其中双工通信又可以分为全双工通信和半双工通信两种。

(1) 单工通信:数据只能朝一个固定方向传输,不能反向。

(2) 半双工通信:数据可以两个方向传输,但是同一时刻只能有一个方向的数据在传输。

(3) 全双工通信:数据可以同时进行双向传输,即同一时刻可以有两个方向的数据同时传输。

6.1.4　串行通信的错误校验

在串行通信中,为了检查传输过程中是否出错,常采用校验码的方法。常见的校验方法有奇偶校验、代码和校验、循环冗余校验等。

1. 奇偶校验

数据发送时,在数据尾加一位奇偶校验位。如果是奇校验,需要数据和校验码中 1 的个数为奇数。同理,如果是偶校验,需要数据和校验码中 1 的个数为偶数。可以根据上面这个规则来确定奇偶校验码为 0 还是 1。

接收数据后,判断数据和校验码中 1 的个数的奇偶性是否和约定相同,如果相同,则认为没出错;否则,认为传输过程中出错;将收到的数据丢弃,并要求发送方重新发送。

2. 代码和校验

代码和校验是在数据发送时,将所发送的数据块求和或各字节异或,然后把产生的一个字节的校验字符附加到数据块的末尾。接收方收到数据后,对数据(不包括校验字符)求和或对各字节异或,将得到的结果和收到的校验字符相比较,若相同,则无错;若不同,则认为传输过程中有错。

3. 循环冗余校验

循环冗余校验(CRC)通过某种数学运算来建立数据位和校验位的约定关系,是一种常用的、具有检错、纠错能力的校验方式,在早期通信中运用广泛。

6.2 USART 的内部结构及特性

USART 的内部结构如图 6.5 所示。

6.2.1 相关引脚

USRT 的引脚 TX 为串行通信的发送脚;RX 为串行通信的接收脚;而 SCLK 为送器时钟输出脚(仅在同步通信时使用),STM32C8T6 的 USART 引脚分布见表 6.1。

表 6.1　USART 的引脚分布表

引　脚	USART1	USART2	USART3
TX	PA9	PA2	PB11
RX	PA10	PA3	PB10
SCLK	PA8	PA4	PB12
nCTS	PA11	PA0	PB13
nRTS	PA12	PA1	PB14

6.2.2 数据寄存器

从图 6.5 中看到,发送数据时,数据从内部总线进入发送数据寄存器 TDR,再到发送移位寄存器,按低位在前、高位在后的顺序,一位一位地从 TX 引脚发送出去,可编程设置发送 8 位或 9 位的数据。

接收数据时,数据从 RX 引脚输入,经过移位寄存器转成并行的数据,送入接收寄存器 RDR,再输入到内部总线,可编程设置接收 8 位或 9 位的数据。

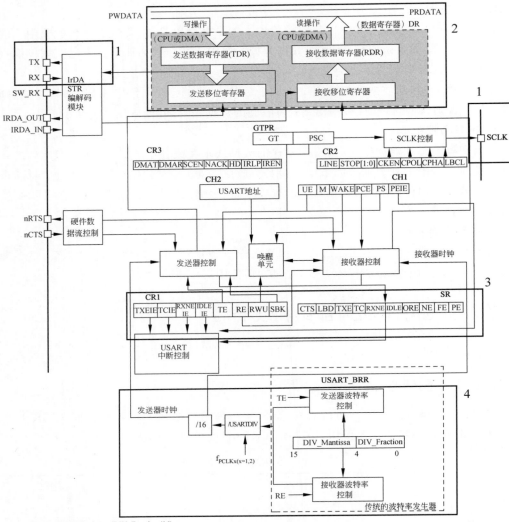

图 6.5 USART 结构框图

6.2.3 状态寄存器和控制寄存器

1. 状态寄存器中重要的几个标志位

状态寄存器(USART_SR)偏移地址为 0x00,复位值为 0x00C0,其位域如图 6.6 所示,具体描述见表 6.2。

31	30	29	28	27	26	25	24	23	22	21	20	19	18	17	16
保留															

15	14	13	12	11	10	9	8	7	6	5	4	3	2	1	0
保留						CTS	LED	TXE	TC	RXNE	IDLE	ORE	NE	FE	PE
						rc/w0	rc/w0	r	rc/w0	rc/w0	r	r	r	r	r

图 6.6 状态寄存器

表 6.2　状态寄存器具体描述

位	描　　述
7	TXE 发送数据寄存器状态,TXE＝0 表示数据还没有被转移到移位寄存器;TXE＝1 表示数据已经被转移到移位寄存器 当 TDR 寄存器中的数据转移到移位寄存器时,该位被硬件置位。如果 USART_CR1 寄存器中的 TXEIE＝1,则产生中断。对 USART_DR 的写操作,将该位清零 注意:单缓冲器传输中使用该位
6	TC:发送完成状态,TC＝0 表示发送还未完成;TC＝1 表示发送完成 当包含有数据的一帧发送完成后,并且 TXE＝1 时,此位置 1。如果 USART_CR1 中的 TCIE＝1,则产生中断。由软件序列清除该位(先读 USART_SR,然后写入 USART_DR)。也可以通过写 0 清除 TC,只有在多缓存通信中才推荐这种清除程序
5	RXNE:读数据寄存器非空,RXNE＝0 表示数据没有收到;RXNE＝1 表示收到数据,可以读出 当 RDR 移位寄存器中的数据被转移到 USART_DR 寄存器中,该位被硬件置位。如果 USART_CR1 寄存器中的 RXNEIE 为 1,则产生中断。对 USART_DR 的读操作可以将该位清零。RXNE 位也可以通过写入 0 来清除,只有在多缓存通信中才推荐这种清除程序
3	ORE:过载错误,ORE＝0 表示没有过载错误;ORE＝1 表示检测到过载错误 当 RXNE 仍然是 1 的时候,当前被接收在移位寄存器中的数据,需要传送至 RDR 寄存器时,硬件将该位置位。如果 USART_CR1 中的 RXNEIE 为 1 的话,则产生中断。由软件序列将其清零(先读 USART_SR,然后读 USART_CR) 注意:该位被置位时,RDR 寄存器中的值不会丢失,但是移位寄存器中的数据会被覆盖。如果设置了 EIE 位,在多缓冲器通信模式下,ORE 标志置位会产生中断

2. 控制寄存器中重要的几个控制位

控制寄存器 1(USART_CR1)偏移地址为 0x0C,复位值为 0x0000,其位域如图 6.7 所示,具体描述见表 6.3。

31	30	29	28	27	26	25	24	23	22	21	20	19	18	17	16
保留															

15	14	13	12	11	10	9	8	7	6	5	4	3	2	1	0
保留		UE	M	WAKE	PCE	PS	PEIE	TXEIE	TCIE	RXNEIE	IDLEIE	IE	RE	RWU	SBK
res		rw	rw	rw	rw	rw	rw	rw	rw	rw	rw	rw	rw	rw	rw

图 6.7　控制寄存器

表 6.3　控制寄存器具体描述

位	描　　述
7	TXEIE:发送缓冲区空中断使能,TXEIE＝0 表示禁止产生中断;TXEIE＝1 表示当 USART_SR 中的 TXE 为 1 时,产生 USART 中断。该位由软件设置或清除
6	TCIE:发送完成中断使能,TCIE＝0 表示禁止产生中断;TCIE＝1 表示当 USART_SR 中的 TC 为 1 时,产生 USART 中断。该位由软件设置或清除
5	RXNEIE:接收缓冲区非空中断使能,RXNEIE＝0 表示禁止产生中断;RXNEIE＝1 表示当 USART_SR 中的 ORE 或者 RXNE 为 1 时,产生 USART 中断,该位由软件设置或清除

3. 中断事件和相关控制位、标志位

中断事件和相关控制位、标志位见表 6.4。

表 6.4 中断事件和相关控制位、标志位

中断事件	事件标志	使能控制位
发送数据寄存器为空	TXE	TXEIE
发送完成	TC	TCIE
准备好读取接收到的数据	RXNE	RXNEIE
检测到溢出错误	ORE	

6.2.4 波特率

波特率即数据传输速率,表示每秒传送二进制代码的位数,波特率的单位是 b/s(位/秒),也常用 bps 来表示。从图 6.5 中可以看到,通信的波特率由 USART_BRR 寄存器的值、PCLK1(USART2、3)或 PCLK2(USART1)的频率共同决定。

6.3 USART 的常用库函数

6.3.1 函数 USART_Init()

函数 USART_Init()的具体描述如表 6.5 所示。

表 6.5 USART_Init()的函数描述表

函数名	USART_Init
函数原型	void USART_Init(USART_TypeDef * USARTx, USART_InitTypeDef * USART_InitStruct)
功能描述	根据 USART_InitStruct 中指定的参数初始化外设 USARTx 寄存器
输入参数 1	USARTx:x 可以是 1、2 或者 3,用于选择 USART 外设
输入参数 2	USART_InitStruct:指向结构 USART_InitTypeDef 的指针,包含了外设 USART 的配置信息。参阅"Section:USART_InitTypeDef",了解该参数允许的取值范围的更多内容
输出参数	无
返回值	无
先决条件	无
被调用函数	无

USART_InitTypeDef 成员 USART 模式对比表(表 6.6)描述了结构 USART_InitTypeDef 在同步和异步模式下使用的不同成员。

表 6.6 USART_InitTypeDef 成员 USART 模式对比表

成员	异步模式	同步模式
USART_BaudRate	×	×
USART_WordLength	×	×
USART_StopBits	×	×

续表

成　　员	异 步 模 式	同 步 模 式
USART_Parity	×	×
USART_HardwareFlowControl	×	×
USART_Mode	×	×
USART_Clock		×
USART_CPOL		×
USART_CPHA		×
USART_LastBit		×

USART_WordLength 提示了在一个帧中传输或者接收到的数据位数,表 6.7 中给出了该参数可取的值。

表 6.7　USART_WordLength 取值

USART_WordLength 的值	描　　述
USART_WordLength_8b	8 位数据
USART_WordLength_9b	9 位数据

USART_StopBits 定义了发送的停止位数目。表 6.8 中给出了该参数可取的值。

表 6.8　USART_StopBits 取值

USART_StopBits 的值	描　　述
USART_StopBits_1	在帧结尾传输 1 个停止位
USART_StopBits_0.5	在帧结尾传输 0.5 个停止位
USART_StopBits_2	在帧结尾传输 2 个停止位
USART_StopBits_1.5	在帧结尾传输 1.5 个停止位

USART_Parity 定义了奇偶模式。表 6.9 中给出了该参数可取的值。

表 6.9　USART_Parity 取值

USART_Parity 的值	描　　述
USART_Parity_No	奇偶失能
USART_Parity_Even	偶模式
USART_Parity_Odd	奇模式

注意:奇偶校验一旦使能,在发送数据的 MSB 位(最高位)插入经计算的奇偶位(字长 9 位时的第 9 位,字长 8 位时的第 8 位)。USART 传送数据时是低位在前,高位在后。

6.3.2　函数 USART_Cmd()

函数 USART_Cmd() 的具体描述如表 6.10 所示。

表 6.10 函数 USART_ Cmd()描述表

函数名	USART_Cmd
函数原型	void USART_Cmd(USART_TypeDef * USARTx, FunctionalState NewState)
功能描述	使能或者失能 USART 外设
输入参数 1	USARTx：x 可以是 1、2 或者 3，用于选择 USART 外设
输入参数 2	NewState：外设 USARTx 的新状态 这个参数可以取 ENABLE 或者 DISABLE
输出参数	无
返回值	无
先决条件	无
被调用函数	无

函数调用实例代码如下：

```
/* Enable the USART1 */
USART_Cmd(USART1, ENABLE);
```

6.3.3 函数 USART_ITConfig()

函数 USART_ITConfig()的具体描述如表 6.11 所示。

表 6.11 函数 USART_ITConfig()描述表

函数名	USART_ITConfig
函数原型	void USART_ITConfig(USART_TypeDef * USARTx, u16 USART_IT, FunctionalState NewState)
功能描述	使能或者失能指定的 USART 中断
输入参数 1	USARTx：x 可以是 1、2 或者 3，用于选择 USART 外设
输入参数 2	USART_IT：待使能或者失能的 USART 中断源 参阅"Section：USART_IT"，了解该参数允许的取值范围的更多内容
输入参数 3	NewState：USARTx 中断的新状态，参数可以取值 ENABLE 或者 DISABLE
输出参数	无
返回值	无
先决条件	无
被调用函数	无

输入参数 USART_IT 使能或者失能 USART 的中断。可以取表 6.12 中的一个或者多个取值的组合作为该参数的值。

表 6.12 USART_IT 取值

USART_IT 的值	描 述
USART_IT_PE	奇偶错误中断
USART_IT_TXE	发送中断
USART_IT_TC	传输完成中断
USART_IT_RXNE	接收中断
USART_IT_IDLE	空闲总线中断
USART_IT_LBD	LIN 中断检测中断
USART_IT_CTS	CTS 中断
USART_IT_ERR	错误中断

函数调用实例代码如下：

```
/* Enables the USART1 transmit interrupt */
USART_ITConfig(USART1, USART_IT_Transmit ENABLE);
```

6.3.4　函数 USART_SendData()

函数 USART_SendData()的具体描述如表 6.13 所示。

表 6.13　函数 USART_ SendData()描述表

函数名	USART_SendData
函数原型	void USART_SendData(USART_TypeDef * USARTx, u8 Data)
功能描述	通过外设 USARTx 发送单个数据
输入参数 1	USARTx：x 可以是 1、2 或者 3,用于选择 USART 外设
输入参数 2	Data：待发送的数据
输出参数	无
返回值	无
先决条件	无
被调用函数	无

函数调用实例代码如下：

```
/* Send one HalfWord on USART3 */
USART_SendData(USART3, 0x26);
```

6.3.5　函数 USART_ReceiveData()

函数 USART_ReceiveData()的具体描述如表 6.14 所示。

表 6.14　函数 USART_ ReceiveData()描述表

函数名	USART_ReceiveData
函数原型	u8 USART_ReceiveData(USART_TypeDef * USARTx)
功能描述	返回 USARTx 最近接收到的数据
输入参数	USARTx：x 可以是 1、2 或者 3,用于选择 USART 外设
输出参数	无
返回值	接收到的字
先决条件	无
被调用函数	无

函数调用实例代码如下：

```
/* Receive one halfword on USART2 */
u16 RxData;
RxData = USART_ReceiveData(USART2);
```

6.3.6　函数 USART_GetFlagStatus()

函数 USART_GetFlagStatus()的具体描述如表 6.15 所示。

表 6.15　函数 USART_ GetFlagStatus()描述表

函数名	USART_GetFlagStatus
函数原型	FlagStatus USART_GetFlagStatus(USART_TypeDef * USARTx, u16 USART_FLAG)
功能描述	检查指定的 USART 标志位设置与否
输入参数 1	USARTx：x 可以是 1、2 或者 3,用于选择 USART 外设
输入参数 2	USART_FLAG：待检查的 USART 标志位 参阅"Section：USART_FLAG",了解该参数允许的取值范围的更多内容
输出参数	无
返回值	USART_FLAG 的新状态(SET 或者 RESET)
先决条件	无
被调用函数	无

表 6.16 给出了所有可以被函数 USART_ GetFlagStatus()检查的标志位列表。

表 6.16　函数 USART_ GetFlagStatus()的标志位

USART_FLAG 的值	描　　述
USART_FLAG_CTS	CTS 标志位
USART_FLAG_LBD	LIN 中断检测标志位
USART_FLAG_TXE	发送数据寄存器空标志位
USART_FLAG_TC	发送完成标志位
USART_FLAG_RXNE	接收数据寄存器非空标志位
USART_FLAG_IDLE	空闲总线标志位
USART_FLAG_ORE	溢出错误标志位
USART_FLAG_NE	噪声错误标志位
USART_FLAG_FE	帧错误标志位
USART_FLAG_PE	奇偶错误标志位

函数调用实例代码如下：

```
/* Check if the transmit data register is full or not */
FlagStatus Status;
Status = USART_GetFlagStatus(USART1, USART_FLAG_TXE);
```

6.3.7　函数 USART_ClearFlag()

函数 USART_ClearFlag()的具体描述如表 6.17 所示。

表 6.17　函数 USART_ ClearFlag()描述表

函数名	USART_ClearFlag
函数原型	void USART_ClearFlag(USART_TypeDef * USARTx, u16 USART_FLAG)
功能描述	清除 USARTx 的待处理标志位
输入参数 1	USARTx：x 可以是 1、2 或者 3,用于选择 USART 外设
输入参数 2	USART_FLAG：待清除的 USART 标志位 参阅"Section：USART_FLAG",了解该参数允许的取值范围的更多内容
输出参数	无
返回值	无
先决条件	无
被调用函数	无

函数调用实例代码如下：

```
/* Clear Overrun error flag */
USART_ClearFlag(USART1,USART_FLAG_OR);
```

6.3.8　函数 USART_GetITStatus()

函数 USART_GetITStatus()的具体描述如表 6.18 所示。

表 6.18　函数 USART_ GetITStatus()描述表

函数名	USART_GetITStatus
函数原型	ITStatus USART_GetITStatus(USART_TypeDef * USARTx，u16 USART_IT)
功能描述	检查指定的 USART 中断发生与否
输入参数 1	USARTx：x 可以是 1、2 或者 3，用于选择 USART 外设
输入参数 2	USART_IT：待检查的 USART 中断源 参阅"Section：USART_IT"，了解该参数允许的取值范围的更多内容
输出参数	无
返回值	USART_IT 的新状态
先决条件	无
被调用函数	无

表 6.19 给出了所有可以被函数 USART_ GetITStatus()检查的中断标志位列表。

表 6.19　函数 USART_ GetITStatus()的中断标志位

USART_IT 的值	描　　述
USART_IT_PE	奇偶错误中断
USART_IT_TXE	发送中断
USART_IT_TC	发送完成中断
USART_IT_RXNE	接收中断
USART_IT_IDLE	空闲总线中断
USART_IT_LBD	LIN 中断探测中断
USART_IT_CTS	CTS 中断
USART_IT_ORE	溢出错误中断
USART_IT_NE	噪声错误中断
USART_IT_FE	帧错误中断

函数调用实例代码如下：

```
/* Get the USART1 Overrun Error interrupt status */
ITStatus ErrorITStatus;
ErrorITStatus = USART_GetITStatus(USART1, USART_IT_OverrunError);
```

6.3.9　函数 USART_ClearITPendingBit()

函数 USART_ClearITPendingBit()的具体描述如表 6.20 所示。

表 6.20　函数 USART_ ClearITPendingBit()描述表

函数名	USART_ClearITPendingBit
函数原型	void USART_ClearITPendingBit(USART_TypeDef * USARTx, u16 USART IT)
功能描述	清除 USARTx 的中断待处理位
输入参数 1	USARTx：x 可以是 1、2 或者 3,用于选择 USART 外设
输入参数 2	USART_IT：待检查的 USART 中断源 参阅"Section：USART_IT",了解该参数允许的取值范围的更多内容
输出参数	无
返回值	无
先决条件	无
被调用函数	无

函数调用实例代码如下：

```
/* Clear the Overrun Error interrupt pending bit */
USART_ClearITPendingBit(USART1,USART_IT_OverrunError);
```

6.4　USART 的应用实例

6.4.1　USART 初始化步骤及注意事项

1. 串口初始化步骤

(1) 使能 USARTx 的时钟和 USARTx 输入/输出所用的 GPIOx 时钟。

(2) 将 USART 使用的 GPIOx 引脚初始化为复用推挽(输出)或浮空输入模式。

(3) 初始化 USARTx,设置波特率、字长等。

(4) 如果要启用 USART 中断,则开启串口中断

(5) 如果启用了 USART 中断,则设置 NVIC 优先级分组并初始化 NVIC。

(6) 使能 USARTx。

2. printf 函数的重定向

C 语言标准输入输出库中 printf()函数的默认输出设备是显示器。如果想使用 printf()函数把数据输出到 USART 上,则需要修改 printf()函数调用的与输出设备相关的 fputc()函数。这样做的好处是可以使用 printf()函数将内部数据通过串口输出到计算机的串口助手上观察,提供了一种调试手段。

首先需要选中 KEIL-MDK 中的 Use MicroLIB 选项,如图 6.8 所示。MicroLIB 是默认 C 库的备选库,它可装入少量内存中,与嵌入式应用程序配合使用,且这些应用程序不在操作系统中运行。

MicroLIB 提供了一个有限的 stdio 子系统。它仅支持未缓冲的 stdin、stdout 和 stderr,也就是说,选中 Use MicroLIB 选项后,在代码工程中就可以使用 printf()函数。然而此时直接使用 printf()函数,其打印的字符串最终不知道打印到何处,要将调试信息打印到 USART1 中,还需要对 printf()函数所依赖的打印输出函数 fputc()重定向。

在 MicroLIB 的 stdio. h 中, fputc()函数的原型为 int fputc(int ch, FILE * stream),此函数原本是将字符 ch 打印到文件指针 stream 所指向的文件流中的,现在不需要打印到

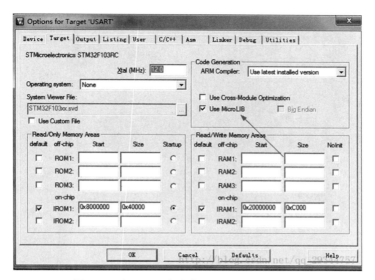

图 6.8　在 MDK 中选中 Use MicroLIB 选项

文件流,而是打印到串口 1。基于前面的代码:

```
# include < stdio. h>
int fputc( int ch,FILE * stream)
{
    USART_SendChar(USART1,(uint8_t)ch);
    while(USART_GetFlagStatus(USART1,USART_FLAG_TXE) = = RESET);
    return ch
}
```

注意:需要包含头文件 stdio. h,否则 FILE 类型未定义。

选中 Use MicroLIB 选项并重定向 fputc()函数后,就可以在工程代码中使用 printf()
函数了,具体代码如下:

```
int main(void)
{
    USART_Configuration( );
    printf("\r\nstm32f103c8t6\r\n");
    printf("\r\nCortex - M3\r\n");
    while(1);
    return 0;
}
```

printf()函数的使用方法跟之前一样,运行结果如图 6.9 所示。

3. 串口中断

在串口通信中,由于串口接收方一般无法知道发送方何时发送数据,因此串口接收大多
采用中断的方式。在 STM32 单片机中,若打开了 USART 接收中断,则同时打开了 ORE
数据溢出中断,那么 USART 接收完数据后要注意考虑数据溢出的情况,若有数据溢出,则
需及时清除数据溢出标志位 ORE 位,否则会产生不断重复进入 USART 中断函数的现象。清
除 ORE 的方法:顺序执行对 USART_SR 和 USART_DR 寄存器的读操作,可复位 ORE 位。

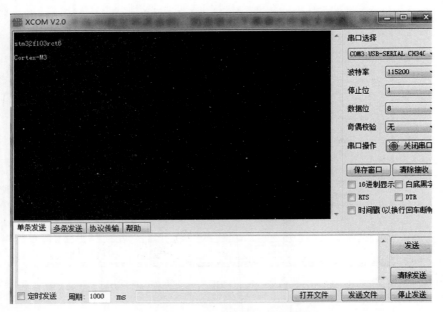

图 6.9 串口助手中 printf()函数运行效果

6.4.2 串口 USART 查询接收

【例 6.1】 计算机通过串口助手往串口 1 发送字符,串口 1 通过查询方式接收字符,每接收一个字符就通过串口 1 发送回给计算机的串口助手。

通过例 6.1,重点掌握 USART 的端口复用、初始化、串口数据发送和接收的编程实现方法。

```
#include "uart.h"
void USART1_Init(void)
{
GPIO_InitTypeDef GPIO_InitStruct;
USART_InitTypeDef USART_InitStruct;
//使能 GPIO 端口、USART1 的时钟
RCC_APB2PeriphClockCmd(RCC_APB2Periph_GPIOA|RCC_APB2Periph_USART1,ENABLE);
//配置复用功能引脚输入/输出模式
GPIO_InitStruct.GPIO_Pin = GPIO_Pin_9;
GPIO_InitStruct.GPIO_Mode = GPIO_Mode_AF_PP;
GPIO_InitStruct.GPIO_Speed = GPIO_Speed_2MHz;
GPIO_Init(GPIOA,&GPIO_InitStruct);
GPIO_InitStruct.GPIO_Pin = GPIO_Pin_10;
GPIO_InitStruct.GPIO_Mode = GPIO_Mode_IN_FLOATING;
GPIO_Init(GPIOA,&GPIO_InitStruct);
//设置串口参数
USART_InitStruct.USART_BaudRate = 9600;
USART_InitStruct.USART_HardwareFlowControl = USART_HardwareFlowControl_None;
USART_InitStruct.USART_Parity = USART_Parity_No;
USART_InitStruct.USART_StopBits = USART_StopBits_1;
```

```
USART_InitStruct.USART_WordLength = USART_WordLength_8b;
USART_InitStruct.USART_Mode = USART_Mode_Rx|USART_Mode_Tx;
USART_Init(USART1,&USART_InitStruct);
//使能串口
USART_Cmd(USART1,ENABLE);
}
# include "delay.h"
# include "led.h"
# include "key.h"
# include "exti.h"
# include "uart.h"
int main(void)
{
//初始化串口
USART1_Init();
//发送程序
while(1)
{
    //查询接收
    if(USART_GetFlagStatus(USART1,USART_FLAG_RXNE) == SET)
        USART_SendData(USART1,USART_ReceiveData(USART1));
    }
}
```

6.4.3 串口 USART 中断接收

【例 6.2】   STM32ZET6 单片机的按键每按下一次,都会通过 USART2 发送数据给
STM32C8T6 单片机,C8T6 单片机 USART2 收到数据,进入串口中断,LED 灯由主程序中
快速闪烁变成中断程序中慢速闪 5 次后,退出串口接收中断函数,返回主程序,继续快速
闪烁。

发送方 STM32ZET6 的部分程序如下(包括串口初始化和主程序):

```
# include "stm32f10x.h"
# include "led.h"
# include "key.h"
void My_UsartInit(void)
 {
  GPIO_InitTypeDef GPIO_InitStruct;
  USART_InitTypeDef   USART_InitStruct;
  NVIC_InitTypeDef NVIC_InitStruct;
  //1.使能 GPIOA 的时钟和 USART2 的时钟
  RCC_APB1PeriphClockCmd(RCC_APB1Periph_USART2,ENABLE);
  RCC_APB2PeriphClockCmd(RCC_APB2Periph_GPIOA,ENABLE);
  //2.初始化 GPIOA
  GPIO_InitStruct.GPIO_Mode = GPIO_Mode_AF_PP;
  GPIO_InitStruct.GPIO_Pin = GPIO_Pin_2;
  GPIO_InitStruct.GPIO_Speed = GPIO_Speed_50MHz;
  GPIO_Init(GPIOA,&GPIO_InitStruct);
  //3.USART 初始化
```

```
USART_InitStruct.USART_BaudRate = 115200;
USART_InitStruct.USART_HardwareFlowControl = USART_HardwareFlowControl_None;
USART_InitStruct.USART_Mode = USART_Mode_Tx;
USART_InitStruct.USART_Parity = USART_Parity_No;
USART_InitStruct.USART_StopBits = USART_StopBits_1;
USART_InitStruct.USART_WordLength = USART_WordLength_8b;
USART_Init(USART2,&USART_InitStruct);
//4.使能串口
USART_Cmd(USART2,ENABLE);
}
int main(void)
{
 u8 data1 = 'B',data = 'A';
 My_UsartInit();
 key_init();
 LED_Init();
  while(1)
  {
  if(GPIO_ReadInputDataBit(GPIOE,GPIO_Pin_4) == Bit_RESET)
  {
      USART_SendData(USART2,data);
      GPIO_ResetBits(GPIOB,GPIO_Pin_5);
        GPIO_SetBits(GPIOE,GPIO_Pin_5);
  }
  if(GPIO_ReadInputDataBit(GPIOE,GPIO_Pin_3) == Bit_RESET)
  {
     USART_SendData(USART2,data1);
     GPIO_ResetBits(GPIOE,GPIO_Pin_5);
       GPIO_SetBits(GPIOB,GPIO_Pin_5);
  }
 }
 }
```

接收方 STM32C8T6 的部分程序如下(包括串口初始化和主程序):

```
# include "stm32f10x.h"
# include "usart.h"
# include "led.h"
void usart_init(void)
{
 GPIO_InitTypeDef GPIO_InitStruct;
 USART_InitTypeDef   USART_InitStruct;
 NVIC_InitTypeDef NVIC_InitStruct;
 //1.使能 GPIOA 的时钟和 USART1 的时钟
 RCC_APB1PeriphClockCmd(RCC_APB1Periph_USART2,ENABLE);
 RCC_APB2PeriphClockCmd(RCC_APB2Periph_GPIOA,ENABLE);
 //2.初始化 GPIOA
 GPIO_InitStruct.GPIO_Mode = GPIO_Mode_IN_FLOATING;
 GPIO_InitStruct.GPIO_Pin = GPIO_Pin_3;
 GPIO_InitStruct.GPIO_Speed = GPIO_Speed_50MHz;
 GPIO_Init(GPIOA,&GPIO_InitStruct);
```

```
//3.初始化串口
USART_InitStruct.USART_BaudRate = 115200;
USART_InitStruct.USART_HardwareFlowControl = USART_HardwareFlowControl_None;
USART_InitStruct.USART_Mode = USART_Mode_Rx;
USART_InitStruct.USART_Parity = USART_Parity_No;
USART_InitStruct.USART_StopBits = USART_StopBits_1;
USART_InitStruct.USART_WordLength = USART_WordLength_8b;
USART_Init(USART2,&USART_InitStruct);
//4.开启串口接收中断
USART_ITConfig(USART2,USART_IT_RXNE,ENABLE);
//5.NVIC优先级分组和NVIC初始化
NVIC_InitStruct.NVIC_IRQChannel = USART2_IRQn;
NVIC_InitStruct.NVIC_IRQChannelCmd = ENABLE;
NVIC_InitStruct.NVIC_IRQChannelPreemptionPriority = 1;
NVIC_InitStruct.NVIC_IRQChannelSubPriority = 1;
NVIC_Init(&NVIC_InitStruct);
//6.使能串口
USART_Cmd(USART2,ENABLE);
}
//7.编写串口中断函数
void USART2_IRQHandler(void)
{
u16 i,j,s,t,flag;
u8 data;
if(USART_GetITStatus(USART2,USART_IT_RXNE)!= RESET)
{
    for(s = 0;s < 5;s++)
    {
        GPIO_SetBits(GPIOB,GPIO_Pin_12);
        for(t = 3;t > 0;t -- )
         {
            for(i = 1000;i > 0;i -- )
            for(j = 2000;j > 0;j -- );
         }
        GPIO_ResetBits(GPIOB,GPIO_Pin_12);
        for(t = 3;t > 0;t -- )
         {
            for(i = 1000;i > 0;i -- )
            for(j = 2000;j > 0;j -- );
         }
    }

    }
//清除ORE位,避免重复进入ORE(溢出错误)中断导致无法返回主程序
    flag = USART2 -> SR;
    data = USART2 -> DR;
    USART_ClearITPendingBit(USART2,USART_IT_RXNE);
}
# include "led. h"
# include "delay. h"
# include "usart. h"
```

```
int main(void)
 {
int i,j,s;
u16 receive_data;
NVIC_PriorityGroupConfig(NVIC_PriorityGroup_2);
usart_init();
LED_Init();
while(1)
  {
GPIO_SetBits(GPIOB,GPIO_Pin_12);
for(i = 1000;i > 0;i-- )
for(j = 2000;j > 0;j-- );
GPIO_ResetBits(GPIOB,GPIO_Pin_12);
for(i = 1000;i > 0;i-- )
for(j = 2000;j > 0;j-- );
  }
 }
```

## 第 7 章

通用定时器的原理与应用

通用定时器由一个通过"可编程预分频器"驱动的 16 位自动装载计数器构成。它适用于多种场合,包括测量输入信号的脉冲长度(输入捕获)或者产生输出波形(输出比较和PWM)。使用定时器预分频器和 RCC 时钟控制器预分频器,脉冲长度和波形周期可以在几微秒到几毫秒间调整。每个定时器都是完全独立的,没有共享任何资源。

7.1 TIMx 的内部结构及特性

TIMx 的内部结构如图 7.1 所示。

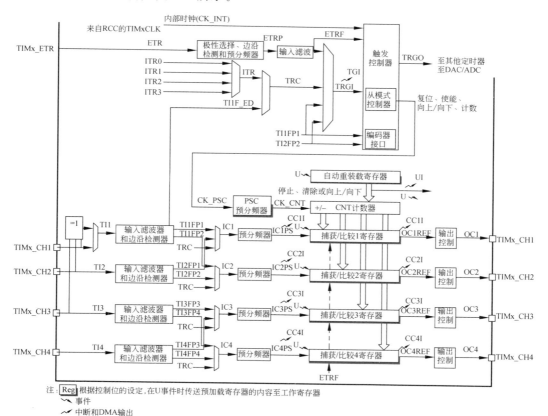

图 7.1 TIMx 的结构框图

7.1.1 通用定时器的时钟

如图 7.1 所示,当通用定时器使用内部时钟作为时钟源时,时钟 CK_INT 来自 APB1；当 APB1 预分频系数(AHB/APB1)为 1 时,CK_PSC 的频率就是 APB1 的频率；当 APB1 的预分频系数不为 1 时,CK_PSC 的频率就是 APB1 频率的 2 倍。例如,AHB 时钟频率是 72MHz,APB1 时钟频率是 36MHz,则 APB1 的预分频系数为 AHB/APB1=2,不为 1,故 CK_PSC 的频率=APB1×2=72MHz。CK_PSC 时钟经过 PSC 预分频器分频后,生成 CK_CNT 时钟,CK_CNT 频率=CK_PSC 频率/(PSC+1),其中 PSC 是分频器的分频系数。CK_CNT 时钟就是通用定时器的时钟。

7.1.2 时基单元

可编程通用定时器的主要部分是一个 16 位计数器和与其相关的自动装载寄存器预分频寄存器。这个计数器可以向上计数、向下计数或者向上/向下双向计数。此计数器时钟是前面提到的 CK_CNT 时钟。计数器、自动装载寄存器和预分频器寄存器可以由软件读写,在计数器运行时仍可以读写。

时基单元包含计数器寄存器(TIMx_CNT)、预分频器寄存器(TIMx_PSC)和自动装载寄存器(TIMx_ARR)。其中计数器寄存器(TIMx_CNT)偏移地址为 0x24,复位值为 0x0000,位域图和详细叙述见图 7.2 和表 7.1；预分频器寄存器(TIMx_PSC)偏移地址为 0x28,复位值为 0x0000,位域图和详细叙述见图 7.3 和表 7.2；自动装载寄存器(TIMx_ARR)偏移地址为 0x2C,复位值为 0x0000,位域图和详细叙述见图 7.4 和表 7.3。

15	14	13	12	11	10	9	8	7	6	5	4	3	2	1	0
CNT[15:0]															
rw	rw	rw	rw	rw	rw	rw	rw	rw	rw	rw	rw	rw	rw	rw	rw

图 7.2　计数器寄存器

表 7.1　计数器寄存器详细介绍

位	描　　述
15:0	CNT[15:0]：计数器的值

15	14	13	12	11	10	9	8	7	6	5	4	3	2	1	0
PSC[15:0]															
rw	rw	rw	rw	rw	rw	rw	rw	rw	rw	rw	rw	rw	rw	rw	rw

图 7.3　预分频器寄存器

表 7.2　预分频器寄存器详细介绍

位	描　　述
15:0	PSC[15:0]：预分频器的值 计数器的时钟频率 CK_CNT 等于 $f_{CK\_PSC}/(PSC[15:0]+1)$ PSC 包含了当更新事件产生时装入当前预分频器寄存器的值

图7.4　自动装载寄存器

表7.3　自动装载寄存器详细介绍

位	描　　述
15:0	ARR[15:0]：自动重装载的值，ARR包含了将要传送至实际的自动装载寄存器的数值 有关ARR的更新与运作，详细参考后面文字描述，当自动重装载的值为空，计数器不工作

观察图7.1，自动装载寄存器（TIMx_ARR）下有阴影，表示此处有影子寄存器，即写自动装载寄存器（TIMx_ARR）时，并不能立即起作用，需要将自动装载寄存器TIMx_ARR的值送入影子寄存器后才能起作用。可以编程设置自动装载寄存器TIMx_ARR的内容被立即或在每次的更新事件（一般是指计数器溢出）时传送到影子寄存器。

计数器有3种计数模式。

1. 向上计数模式

在向上计数模式中，计数器从0计数到自动加载值（TIMx_ARR寄存器的内容），然后重新从0开始计数并且产生一个计数器溢出事件，每次计数器溢出时可以产生更新事件。图7.5所示为内部时钟分频因子为2，自动装载寄存器（TIMx_ARR）值为0x36时的时序图。

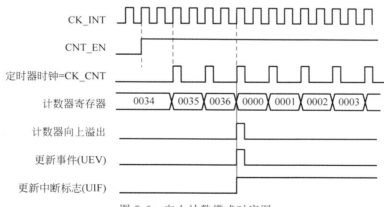

图7.5　向上计数模式时序图

2. 向下计数模式

在向下模式中，计数器从自动装入的值（TIMx_ARR的值）开始向下计数到0，然后从自动装入的值重新开始并且产生一个计数器向下溢出事件，每次计数器溢出时可以产生更新事件。图7.6所示为内部时钟分频因子为2，自动装载寄存器（TIMx_ARR）值为0x36时的时序图。

3. 中央对齐（向上/向下双向计数）模式

在中央对齐模式，计数器从0开始计数到自动加载的值（TIMx_ARR寄存器）−1，产生一个计数器溢出事件，然后向下计数到1并且产生一个计数器下溢事件；接着再从0开始

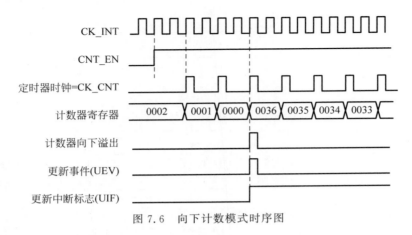

图 7.6 向下计数模式时序图

重新计数,可以在每次计数上溢和每次计数下溢时产生更新事件。如图 7.7 所示为内部时钟分频因子为 1,自动装载寄存器(TIMx_ARR)值为 0x6 时的时序图。

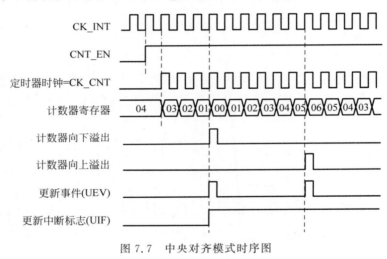

图 7.7 中央对齐模式时序图

7.1.3 PWM 输出模式

1. PWM 概述

脉冲宽度调制(Pulse Width Modulation,PWM)通过对一系列脉冲的宽度进行调制,获得所需要的等效波形(含形状和幅值)。

PWM 是一种对模拟信号电平进行数字编码的方法。通过对高分辨率计数器的使用,方波的占空比被调制,用来对一个具体模拟信号的电平进行编码。等效的实现是基于采样定理中的一个重要的结论:冲量相等而形状不同的窄脉冲加在具有惯性的环节上时,其效果基本相同。冲量指窄脉冲的面积。这里说的效果基本相同,是指该环节的输出响应波形基本相同。惯性环节的输出一开始并不与输入同步按比例变化,直到过渡过程结束,输出才能与输入保持比例。

图 7.8(a)的模拟正弦波形可用图 7.8(b)的 PWM 波等效。

PWM 信号是数字的,在给定的任何时刻,满幅值的直流供电要么完全有(ON),要么完

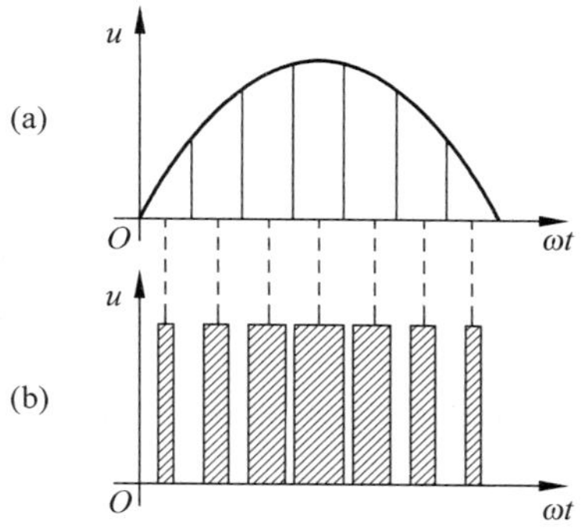

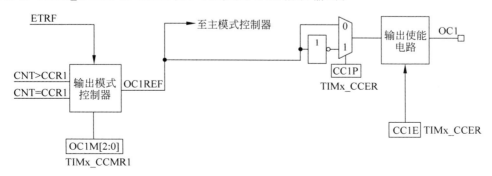

图 7.8　PWM 等效正弦波

全无(OFF),电压或电流源是以一种通(ON)或断(OFF)的重复脉冲序列被加到负载上去的。

改变脉冲的周期可以达到调频的效果,改变脉冲的宽度或占空比可以达到调幅的效果,因此,采用适当的控制方法即可使电压或电流与频率协调变化。

PWM 控制技术获得了空前的发展,并且广泛运用在从测量、通信到功率控制与变换的许多领域中,PWM 的主要优点如下。

(1) 从处理器到被控系统信号都是数字形式的,无须进行数模转换。

(2) 让信号保持为数字形式可将噪声影响降到最小,噪声只有在强到足以将逻辑 1 改变为逻辑 0 或将逻辑 0 改变为逻辑 1 时,才能对数字信号产生影响,这是 PWM 用于通信的主要原因。

(3) STM32 的定时器除了 TIM6 和 TIM7,其他的都可以用来产生 PWM 输出,其中高级定时器 TIM1 和 TIM8 可以同时产生多达 7 路的 PWM 输出。而通用定时器也能同时产生多达 4 路的 PWM 输出,这样,STM32 最多可以同时产生 30 路 PWM 输出。

2. STM32 的 PWM 输出模式

如图 7.9 所示,以通道 1 为例,设置 TIMx_CCMR1 寄存器的 OC1M[2:0]位,可以根据计数器当前值 CNT 与比较寄存器 CCR1 值的大小关系决定 OC1REF 信号是不是"有效电平";设置寄存器 TIMx_CCER 的 CC1P 位,可以决定"有效电平"是高电平还是低电平;设置寄存器 TIMx_CCER 的 CC1E 位,可以决定 OC1 能否输出。

图 7.9　STM32 的比较输出通道

寄存器 TIMx_CCMR1 中 OC1M[2:0]位为模式设置位,可配置 8 种模式,其中 PWM1 模式和 PWM2 模式的区别是输出参考信号 OC1REF 的动作不同,而 OC1REF 决定了 OC1 的值。而 OC1 的有效电平取决于 CC1P 位。其详细说明见表 7.4。如果输出比较模式选择 PWM 模式,则 CNT 计数器及相应信号变化情况见表 7.5。

表 7.4 寄存器 TIMx_CCMR1 中 OC1M[2:0]位说明

取　值	含　义
000	冻结。输出比较寄存器 TIMx_CCR1 与计数器 TIMx_CNT 间的比较对 OC1REF 不起作用
001	匹配时设置通道 1 为有效电平。当计数器 TIMx_CNT 的值与捕获/比较寄存器 1(TIMx_CCR1)相同时,强制 OC1REF 为高
010	匹配时设置通道 1 为无效电平。当计数器 TIMx_CNT 的值与捕获/比较寄存器 1(TIMx_CCR1)相同时,强制 OC1REF 为低
011	翻转。当 TIMx_CCR1=TIMx_CNT 时,翻转 OC1REF 的电平
100	强制为无效电平。强制 OC1REF 为低
101	强制为有效电平。强制 OC1REF 为高
110	PWM1 模式:在向上计数时,若 TIMx_CNT < TIMx_CCR1,则通道 1 为有效电平,否则为无效电平;在向下计数时,若 TIMx_CNT > TIMx_CCR1,则通道 1 为无效电平(OC1REF=0),否则为有效电平(OC1REF=1)
111	PWM2 模式:在向上计数时,若 TIMx_CNT < TIMx_CCR1,则通道 1 为无效电平,否则为有效电平;在向下计数时,若 TIMx_CNT > TIMx_CCR1,则通道 1 为有效电平,否则为无效电平

说明:(1) 一旦 LOCK 级别设为 3(TIMx_BDTR 寄存器中的 LOCK 位)并且 CC1S='00'(该通道配置成输出),则该位不能被修改。

(2) 在 PWM 模式 1 或 PWM 模式 2 中,只有当比较结果改变了或在输出比较模式中从冻结模式切换到 PWM 模式时,OC1REF 电平才改变。

表 7.5 PWM 模式

模式	CNT 计数方式	说　明
PWM1	递增	CNT < CCR,通道 CH 为有效电平,否则为无效电平
	递减	CNT > CCR,通道 CH 为无效电平,否则为有效电平
PWM2	递增	CNT < CCR,通道 CH 为无效电平,否则为有效电平
	递减	CNT > CCR,通道 CH 为有效电平,否则为无效电平

注意:无论是 PWM1 模式还是 PWM2 模式中,在向上计数(递增)和向下计数(递减)时输出电平只是在 CNT 等于 CCRx 时是不同的。

下面以 PWM1 模式为例,详细说明计数器 CNT 计数方向不同时 OCxREF 信号的变化情况。

1) PWM 边沿对齐模式

在向上(递增)计数模式下,计数器从 0 计数到自动重载值(TIMx_ARR 寄存器的内容),然后重新从 0 开始计数并生成计数器上溢事件。在边沿对齐模式下,计数器 CNT 只工作在一种模式——向上(递增)或者向下(递减)计数模式。以 CNT 工作在向上(递增)模式为例,在图 7.10 中,自动装载寄存器 ARR=8,比较寄存器 CCR=4,计数器 CNT 从 0 开始计数,当 CNT < CCR 的值时,OCxREF 为有效的高电平。当 CCR ≤ CNT ≤ ARR 时,OCxREF

为无效的低电平。然后 CNT 又从 0 开始计数并生成计数器上溢事件,如此循环往复。

若 OCxREF 的电平就是通道 CHx 上的输出信号 OCx 的电平(不做变化),则由图 7.10 可推算出在向上计数模式下,占空比的计算公式为:

$$占空比 = \frac{CCRx}{ARR+1} \times 100\% \tag{7-1}$$

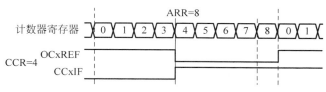

图 7.10　PWM1 模式的边沿对齐波形

2) PWM 中央对齐模式

计数器 CNT 工作在中央对齐计数模式下时,计数器 CNT 从 0 开始计数到自动重载值减 1(ARR-1),生成计数器上溢事件;然后从自动重载值开始向下计数到 1 并生成计数器下溢事件。之后从 0 开始重新计数。

图 7.11 是 PWM1 模式的中央对齐波形,ARR=8,CCR=4。第一阶段计数器 CNT 工作在向上(递增)计数模式下,从 0 开始计数,当 CNT<CCR 的值时,OCxREF 为有效的高电平,当 CCR≤CNT<ARR 时,OCxREF 为无效的低电平。第二阶段计数器 CNT 工作在递减模式,从 ARR 的值开始递减,当 CNT>CCR 时,OCxREF 为无效的低电平;当 CCR≥CNT≥1 时,OCxREF 为有效的高电平。

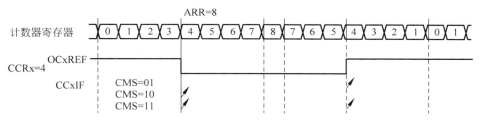

图 7.11　PWM1 模式的中央对齐波形

中央对齐模式又分为中央对齐模式 1/2/3 这 3 种,具体由寄存器 CR1 位 CMS[1:0]配置。具体的区别就是比较中断标志位 CCxIF 在何时置 1:中央模式 1 在 CNT 递减计数的时候置 1,中央对齐模式 2 在 CNT 递增计数时置 1,中央对齐模式 3 在 CNT 递增和递减计数时都置 1。与式(7-1)类似,可推出中央对齐模式下占空比计算公式为:

$$占空比 = \frac{2 \times CCRx}{2 \times ARR} = \frac{CCRx}{ARR} \times 100\% \tag{7-2}$$

由占空比计算公式可见,PWM 信号的周期(频率)由自动装载寄存器 ARR 的值决定,当 ARR 值固定时,占空比由比较寄存器 CCRx 的值决定。

7.1.4　输入捕获模式

输入捕获可以对输入信号的上升沿、下降沿或者双边沿进行捕获,常用的有测量输入信号的脉宽和测量 PWM 输入信号的频率和占空比这两种。

　　通过检测 TIMx_CHx 上的边沿信号,在边沿信号发生跳变(比如上升沿/下降沿)的时候,将当前定时器的值(TIMx_CNT)存放到对应的捕获/比较寄存器(TIMx_CCRx)中,完成一次捕获。如图 7.12 所示,以 TIMx_CH1 输入的信号 TI1 为例,首先经过滤波器的滤波,滤波的原理如图 7.13 所示,当滤波器采样频率 DTS ＝定时器的时钟 CK_CNT 的频率,滤波器长度 N＝4 个采样周期时,检测到上升沿开始采样。

　　(1) 第一个高电平脉冲,高电平持续时间小于滤波器长度:4 个采样周期,视为无效的干扰信号,滤波器的输出信号 TI1F 不发生变化。

　　(2) 第二个高电平脉冲,上升沿开始采样,采样 4 次后,TI1 信号仍为高电平,即高电平持续时间大于滤波器的长度:4 个采样周期,视为有效信号,滤波器输出 TI1F 信号在第 4 次采样后变为高电平,在检测到 TI1 的下降沿后再持续 4 个采样周期的高电平后变低。这样,将第二个输入的高电平脉冲输出,脉冲宽度保持不变,只是相位上延迟了 4 个采样周期。通过这种方式,就将输入信号中周期较小的高频信号滤除了。

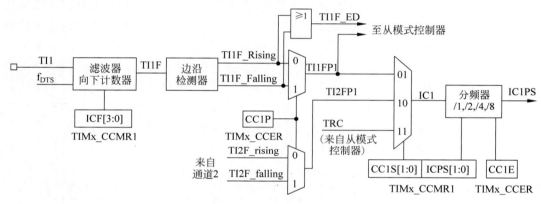

图 7.12　输入捕获通道

图 7.13　滤波原理示意图

　　寄存器 TIMx_CR1 的 CKD[1:0]位和 TIMx_CCMR1 的 IC1F[3:0]位共同定义了 TI1 输入的采样频率,TIMx_CCMR1 的 IC1F[3:0]位也定义了数字滤波器的长度。这两个参数都会在后面的函数调用中要求程序员设置。

　　信号经过滤波器滤波后,经过边沿检测,如图 7.14 所示。这里可以选择上升沿检测还是下降沿检测。这个也会在后面函数调用中要求程序员设置。

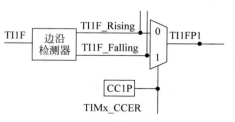

图 7.14　边沿检测环节

经过边沿检测后,信号输出到通道选择处,如图 7.15 所示。这里可以选择输出来自通道 1 的信号 TI1FP1 还是来自通道 2 的信号 TI2FP1,在函数调用中也会要求程序员设置。

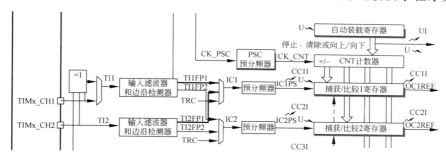

图 7.15 通道选择环节

输入捕获预分频设置了发生多少次事件时触发一次捕获。就是检测到第几个边沿时触发捕获,如图 7.16 所示。最后可以设置捕获到有效信号后"开启"或者"不开启"中断。

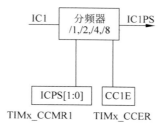

图 7.16 输入捕获预分频设置环节

7.2 TIMx 的常用库函数

7.2.1 函数 TIM_TimeBaseInit()

函数 TIM_TimeBaseInit()具体描述如表 7.6 所示。

表 7.6 TIM_TimeBaseInit()的函数描述表

函数名	TIM_TimeBaseInit
函数原型	void TIM_TimeBaseInit(TIM_TypeDef * TIMx, TIM_TimeBaselnifTypeDef * TIM TimeBaseInitStruct)
功能描述	根据 TIM_TimeBaseInitStruct 中指定的参数初始化 TIMx 的时间基数单位
输入参数 1	TMx: x 可以是 2、3 或者 4,用于选择 TIM 外设
输入参数 2	TIMTimeBase_InitSruct:指向结构 TIM_TimeBaseInifTypeDef 的指针,包含了 TIMx 时间基数单位的配置信息
输出参数	无
返回值	无
先决条件	无
被调用函数	无

其中,TIM_TimeBaselnifTypeDef 在文件 stm32f10x_gpio.h 中定义,代码如下:

```
typedef struct
 {
u16 TIM_Period;
u16 TIM_Prescaler;
u8 TIM_ClockDivision;
u16 TIM_CounterMode;
} TIM_TimeBaseInitTypeDef;
```

参数 TIM_Period 设置了在下一个更新事件装入活动的自动装载寄存器周期的值。它的取值范围为 0x0000～0xFFFF；此时 TIM_Prescaler 设置了用作 TIMx 时钟频率除数的预分频值,取值范围为 0x0000～0xFFFF；参数 TIM_CounterMode 选择了计数器模式,该参数取值见表 7.7；参数 TIM_ClockDivision 设置了时钟分割,详见 7.1.5 节。

表 7.7　参数 TIM_CounterMode 可取值

TIM_CounterMode 的值	描　　述
TIM_CounterMode_Up	TIM 向上计数模式
TIM_CounterMode_Down	TIM 向下计数模式
TIM_CounterMode_CenterAligned1	TIM 中央对齐模式 1 计数模式
TIM_CounterMode_CenterAligned2	TIM 中央对齐模式 2 计数模式
TIM_CounterMode_CenterAligned3	TIM 中央对齐模式 3 计数模式

参数设置实例代码如下：

```
TIM_TimeBaseInitTypeDef TIM_TimeBaseStructure;
TIM_TimeBaseStructure.TIM_Period = 0xFFFF;
TIM_TimeBaseStructure.TIM_Prescaler = 0xF;
TIM_TimeBaseStructure.TIM_ClockDivision = 0x0;
TIM_TimeBaseStructure.TIM_CounterMode = TIM_CounterMode_Up;
TIM_TimeBaseInit(TIM2, & TIM_TimeBaseStructure);
```

7.2.2　函数 TIM_Cmd()

函数 TIM_Cmd()具体描述如表 7.8 所示。

表 7.8　TIM_Cmd()的函数描述表

函数名	TIM_Cmd
函数原型	void TIM_Cmd(TIM_TypeDef * TIMx, FunctionalState NewState)
功能描述	使能或者失能 TIMx 外设
输入参数 1	TIMx：x 可以是 2、3 或者 4,用于选择 TIM 外设
输入参数 2	NewState：外设 TIMx 的新状态 这个参数可以取 ENABLE 或者 DISABLE
输出参数	无
返回值	无
先决条件	无
被调用函数	无

函数调用实例代码如下：

```
/* Enables the TIM2 counter */
TIM_Cmd(TIM2, ENABLE);
```

7.2.3　函数 TIM _ITConfig()

函数 TIM_ITConfig()具体描述如表 7.9 所示。

表 7.9　**TIM_ITConfig()的函数描述表**

函数名	TIM_ITConfig
函数原型	void TIM_ITConfig(TIM_TypeDef * TIMx，u16 TIM_IT，FunctionalState NewState)
功能描述	使能或者失能指定的 TIM 中断
输入参数 1	TIMx：x 可以是 2、3 或者 4,用于选择 TIM 外设
输入参数 2	TIM_IT：待使能或者失能的 TIM 中断源
输入参数 3	NewState 为 TIMx 中断的新状态,可以取值 ENABLE 或者 DISABLE
输出参数	无
返回值	无
先决条件	无
被调用函数	无

输入参数 TIM_IT 使能或者失能 TIM 的中断。可以取表 7.10 中的一个或者多个取值的组合作为该参数的值。

表 7.10　**TIM_IT 取值**

TIM_IT 的值	描　　述
TIM_IT_Update	TIM 中断源
TIM_IT_CC1	TIM 捕获/比较 1 中断源
TIM_IT_CC2	TIM 捕获/比较 2 中断源
TIM_IT_CC3	TIM 捕获/比较 3 中断源
TIM_IT_CC4	TIM 捕获/比较 4 中断源
TIM_IT_Trigger	TIM 触发中断源

函数调用实例代码如下:

```
/* Enables the TIM2 Capture Compare channel 1 Interrupt source */
TIM_ITConfig(TIM2, TIM_IT_CC1, ENABLE );
```

7.2.4　函数 TIM_GetFlagStatus()

函数 TIM_GetFlagStatus()具体描述如表 7.11 所示。

表 7.11　**TIM_ GetFlagStatus()的函数描述表**

函数名	TIM_GetFlagStatus
函数原型	FlagStatus TIM_GetFlagStatus(TIM_TypeDef * TIMx, u16 TIM_FLAG)
功能描述	检查指定的 TIM 标志位设置与否
输入参数 1	TIMx：x 可以是 2、3 或者 4,用于选择 TIM 外设

输入参数 2	TIM_FLAG：待检查的 TIM 标志位
输出参数	无
返回值	TIM_FLAG 的新状态（SET 或者 RESET）
先决条件	无
被调用函数	无

表 7.12 给出了所有可以被函数 TIM_ GetFlagStatus()检查的标志位列表。

表 7.12 TIM_FLAG 取值

TIM_FLAG 的值	描　　述
TIM_FLAG_Update	TIM 更新标志位
TIM FLAG_CC1	TIM 捕获/比较 1 标志位
TIM_FLAG_CC2	TIM 捕获/比较 2 标志位
TIM_FLAG_CC3	TIM 捕获/比较 3 标志位
TIM_FLAG_CC4	TIM 捕获/比较 4 标志位
TIM_FLAG_Trigger	TIM 触发标志位
TIM_FLAG_CC1OF	TIM 捕获/比较 1 溢出标志位
TIM_FLAG_CC2OF	TIM 捕获/比较 2 溢出标志位
TIM_FLAG_CC3OF	TIM 捕获/比较 3 溢出标志位
TIM_FLAG_CC4OF	TIM 捕获/比较 4 溢出标志位

函数调用实例代码如下：

```
/ * Check if the TIM2 Capture Compare 1 flag is set or reset * /
if(TIM_GetFlagStatus(TIM2, TIM_FLAG_CC1) == SET)
 {
 }
```

7.2.5 函数 TIM_ClearFlag()

函数 TIM_ClearFlag()具体描述如表 7.13 所示。

表 7.13 TIM_ClearFlag()的函数描述表

函数名	TIM_ClearFlag
函数原型	void TIM_ClearFlag(TIM_TypeDef * TIMx，u32 TIM_FLAG)
功能描述	清除 TIMx 的待处理标志位
输入参数 1	TIMx：x 可以是 2、3 或者 4,用于选择 TIM 外设
输入参数 2	TIM_FLAG：待清除的 TIM 标志位
输出参数	无
返回值	无
先决条件	无
被调用函数	无

函数调用实例代码如下：

```
/ * Clear the TIM2 Capture Compare 1 flag * /
```

```
TIM_ClearFlag(TIM2, TIM_FLAG_CC1);
```

7.2.6　函数 TIM_GetITStatus()

函数 TIM_GetITStatus()具体描述如表 7.14 所示。

表 7.14　TIM_ GetITStatus()的函数描述表

函数名	TIM_GetITStatus
函数原型	ITStatus TIM_GetlITStatus(TIM_TypeDef ＊ TIMx, u16 TIM_IT)
功能描述	检查指定的 TIM 中断发生与否
输入参数 1	TIMx：x 可以是 2、3 或者 4,用于选择 TIM 外设
输入参数 2	TIM_IT：待检查的 TIM 中断源
输出参数	无
返回值	TIM_IT 的新状态
先决条件	无
被调用函数	无

函数调用实例代码如下：

```
/ * Check if the TIM2 Capture Compare 1 interrupt has occured or not * /
if(TIM_GetITStatus(TIM2, TIM_IT_CC1) == SET)
{
}
```

7.2.7　函数 TIM_ClearITPendingBit()

函数 TIM_ClearITPendingBit()具体描述如表 7.15 所示。

表 7.15　TIM_ ClearITPendingBit()的函数描述表

函数名	TIM_ClearITPendingBit
函数原型	void TIM_CleaITPendingBit(TIM_TypeDef ＊ TIMx, u16 TIM_IT)
功能描述	清除 TIMx 的待处理标志位
输入参数 1	TIMx：x 可以是 2、3 或者 4,用于选择 TIM 外设
输入参数 2	TIM_IT：待清除的 TIM 标志位
输出参数	无
返回值	无
先决条件	无
被调用函数	无

函数调用实例代码如下：

```
/ * Clear the TIM2 Capture Compare 1 interrupt pending bit * /
TIM_ClearITPendingBit(TIM2, TIM_IT_CC1);
```

7.2.8　函数 TIM_OCInit()

函数 TIM_OCInit()具体描述如表 7.16 所示。

表 7.16　TIM_OCInit()的函数描述表

函数名	TIM_OCInit
函数原型	void TIM_OCInit(TIM_TypeDef * TIMx, TIM_OCInifTypeDef * TIM_OCInitStruct)
功能描述	根据 TIM_OCInitStruct 中指定的参数初始化外设 TIMx
输入参数 1	TIMx: x 可以是 2、3 或者 4,用于选择 TIM 外设
输入参数 2	TIM_OCInitStruct:指向结构 TIM_OCInifTypeDef 的指针,包含了 TIMx 时间基数单位的配置信息
输出参数	无
返回值	无
先决条件	无
被调用函数	无

TIM_OCInitTypeDef 定义于文件 stm32f10x_tim.h,代码如下:

```
typedef struct {
u16 TIM_OCMode;
u16 TIM_Channel;
u16 TIM_Pulse;
u16 TIM_OCPolarity;
} TIM_OCInitTypeDef;
```

其中,参数 TIM_OCMode 选择定时器模式,参数取值见表 7.17。

表 7.17　TIM_OCMode 取值

TIM_OCMode 的值	描　　述
TIM_OCMode_Timing	TIM 输出比较时间模式
TIM_OCMode_Active	TIM 输出比较主动模式
TIM_OCMode_Inactive	TIM 输出比较非主动模式
TIM_OCMode_Toggle	TIM 输出比较触发模式
TIM_OCMode_PWM1	TIM 脉冲宽度调制模式 1
TIM_OCMode_PWM2	TIM 脉冲宽度调制模式 2

参数 TIM_Channel 选择通道,参数取值见表 7.18。

表 7.18　TIM_Channel 取值

TIM_Channel 的值	描　　述
TIM_Channel_1	使用 TIM 通道 1
TIM_Channel_2	使用 TIM 通道 2
TIM_Channel_3	使用 TIM 通道 3
TIM_Channel_4	使用 TIM 通道 4

参数 TIM_Pulse 设置待装入捕获比较寄存器的脉冲值,取值范围为 0x0000 ～ 0xFFFF。

参数 TIM_OCPolarity 输出极性,参数取值见表 7.19。

表 7.19 **TIM_OCPolarity** 取值

TIM_OCPolarity 的值	描 述
TIM_OCPolarity_High	TIM 输出比较极性高
TIM_OCPolarity_Low	TIM 输出比较极性低

函数调用实例代码如下：

```
/ * Configures the TIM2 Channel1 in PWM Mode * /
TIM_OCInitTypeDef TIM_OCInitStructure;
TIM_OCInitStructure.TIM_OCMode = TIM_OCMode_PWM1;
TIM_OCInitStructure.TIM_Channel = TIM_Channel_1;
TIM_OCInitStructure.TIM_Pulse = 0x3FFF;
TIM_OCInitStructure.TIM_OCPolarity = TIM_OCPolarity_High;
TIM_OCInit(TIM2, & TIM_OCInitStructure);
```

7.2.9 函数 TIM_ICInit()

函数 TIM_ICInit() 具体描述如表 7.20 所示。

表 7.20 **TIM_ICInit()的函数描述表**

函数名	TIM_ICInit
函数原型	void TIM_ICInit(TIM_TypeDef * TIMx, TIM_ICInitTypeDef * TIM_ICInitStruct)
功能描述	根据 TIM_ICInitStruct 中指定的参数初始化外设 TIMx
输入参数 1	TIMx：x 可以是 2、3 或者 4，用于选择 TIM 外设
输入参数 2	TIM_ICInitStruct：指向结构 TIM_ICInitTypeDef 的指针，包含了 TIMx 的配置信息
输出参数	无
返回值	无
先决条件	无
被调用函数	无

TIM_ICInitTypeDef 在文件 stm32f10x_tim.h 中定义，代码如下：

```
typedef struct {
  uint16_t TIM_Channel;
  uint16_t TIM_ICPolarity;
  uint16_t TIM_ICSelection;
  uint16_t TIM_ICPrescaler;
  uint16_t TIM_ICFilter;
} TIM_ICInitTypeDef;
```

其中，参数 TIM_Channel 选择通道，参数取值见表 7.21。

表 7.21 **TIM_Channel** 取值

TIM_Channel 的值	描 述
TIM_Channel_1	使用 TIM 通道 1
TIM_Channel_2	使用 TIM 通道 2
TIM_Channel_3	使用 TIM 通道 3
TIM_Channel_4	使用 TIM 通道 4

参数 TIM_ICPolarity 输入活动沿,参数取值见表 7.22。

表 7.22　TIM_ICPolarity 取值

TIM_ICPolarity 的值	描　述
TIM_ICPolarity_Rising	TIM 输入捕获上升沿
TIM_ICPolarity_Falling	TIM 输入捕获下降沿

参数 TIM_ICSelection 选择输入,参数取值见表 7.23。

表 7.23　TIM_ICSelection 取值

TIM_ICSelection 的值	描　述
TIM_ICSelection_DirectTI	TIM 输入 2、3 或 4,对应地选择与 IC1 或 IC2 或 IC3 或 IC4 相连
TIM_ICSelection_IndirectTI	TIM 输入 2、3 或 4,对应地选择与 IC2 或 IC1 或 IC4 或 IC3 相连
TIM_ICSelection_TRC	TIM 输入 2、3 或 4,选择与 TRC 相连

参数 TIM_ICPrescaler 设置输入捕获预分频器,参数取值见表 7.24。

表 7.24　TIM_ICPrescaler 取值

TIM_ICPrescaler 的值	描　述
TIM_ICPSC_DIV1	TIM 捕获在捕获输入上每探测到一个边沿执行一次
TIM_ICPSC_DIV2	TIM 捕获每 2 个事件执行一次
TIM_ICPSC_DIV3	TIM 捕获每 3 个事件执行一次
TIM_ICPSC_DIV4	TIM 捕获每 4 个事件执行一次

参数 TIM_ICFilter 选择输入比较滤波器,参数取值范围为 0x0~0xF。

函数调用实例代码如下:

```
/* The following example illustrates how to configure the TIM2 in
PWM Input mode : The external signal is connected to TIM2 CH1 pin,
the Rising edge is used as active edge, the TIM2 CCR1 is used to
compute the frequency value the TIM2 CCR2 is used to compute the
duty cycle value */
TIM_DeInit(TIM2);
TIM_ICStructInit(&TIM_ICInitStructure);
TIM_ICInitStructure.TIM_ICMode = TIM_ICMode_PWMI;
TIM_ICInitStructure.TIM_Channel = TIM_Channel_1;
TIM_ICInitStructure.TIM_ICPolarity = TIM_ICPolarity_Rising;
TIM_ICInitStructure.TIM_ICSelection = TIM_ICSelection_DirectTI;
TIM_ICInitStructure.TIM_ICPrescaler = TIM_ICPSC_DIV1;
TIM_ICInitStructure.TIM_ICFilter = 0x0;
TIM_ICInit(TIM2, &TIM_ICInitStructure);
```

7.2.10　函数 TIM_SetCompare1()

函数 TIM_SetCompare1()具体描述如表 7.25 所示。

表 7.25 TIM_SetCompare1()的函数描述表

函数名	TIM_SetCompare1
函数原型	void TIM_SetCompare1(TIM_TypeDef * TIMx, ul6 Compare1)
功能描述	设置 TIMx 捕获比较 1 寄存器值
输入参数 1	TIMx：x 可以是 2、3 或者 4，用于选择 TIM 外设
输入参数 2	Compare1：捕获比较 1 寄存器新值
输出参数	无
返回值	无
先决条件	无
被调用函数	无

函数调用实例代码如下：

```
/* Sets the TIM2 new Output Compare 1 value */
u16 TIMCompare1 = 0x7FFF;
TIM_SetCompare1(TIM2, TIMCompare1);
```

7.2.11 函数 TIM_OC1PreloadConfig()

函数 TIM_OC1PreloadConfig()具体描述如表 7.26 所示。

表 7.26 TIM_OC1PreloadConfig()的函数描述表

函数名	TIM_OC1PreloadConfig
函数原型	void TIM_OC1PreloadConfig(TIM_TypeDef * TIMx, u16 TIM_OCPreload)
功能描述	使能或者失能 TIMx 在 CCR1 上的预装载寄存器
输入参数 1	TIMx：x 可以是 2、3 或者 4，用于选择 TIM 外设
输入参数 2	TIM_OCPreload：输出比较预装载状态 参阅"Section：TIM_OCPreload"，了解该参数允许的取值范围的更多内容
输出参数	无
返回值	无
先决条件	无
被调用函数	无

参数 TIM_OCPreload 确定预装载状态，具体如表 7.27 所示。

表 7.27 TIM_OCPreload 取值

TIM_OCPreload 的值	描 述
TIM_OCPreload_Enable	TIMx 在 CCR1 上的预装载寄存器使能
TIM_OCPreload_Disable	TIMx 在 CCR1 上的预装载寄存器失能

函数调用实例代码如下：

```
/* Enables the TIM2 Preload on CC1 Register */
TIM_OC1PreloadConfig(TIM2, TIM_OCPreload_Enable);
```

7.2.12 函数 TIM_OC1PolarityConfig()

函数 TIM_OC1PolarityConfig()具体描述如表 7.28 所示。

表 7.28 TIM_OC1PolarityConfig()的函数描述表

函数名	TIM_OC1PolarityConfig
函数原型	Void TIM_OC1PreloadConfig(TIM_TypeDef * TIMx, u16 TIM_OCPolarity)
功能描述	设置 TIMx 通道 1 极性
输入参数 1	TIMx：x 可以是 2、3 或者 4，用于选择 TIM 外设
输入参数 2	TIM_OCPolarity：输出比较极性
输出参数	无
返回值	无
先决条件	无
被调用函数	无

参数 TIM_OCPolarity 输出极性，参数取值见表 7.29。

表 7.29 TIM_OCPolarity 取值

TIM_OCPolarity 的值	描 述
TIM_OCPolarity_High	TIM 输出比较极性高
TIM_OCPolarity_Low	TIM 输出比较极性低

函数调用实例代码如下：

```
/* Selects the Polarity high for TIM2 channel 1 output compare */
TIM_OC1PolarityConfig(TIM2, TIM_OCPolarity_High);
```

7.3 TIMx 的应用实例

7.3.1 通用定时功能

1. 定时中断的编程步骤

(1) 使能定时时钟。

(2) 初始化时基单元。

(3) 开启定时器中断。

(4) 配置 NVIC：NVIC 优先级分组和 NVIC 初始化。

(5) 使能定时器。

(6) 编写定时计数器中断函数。

2. 计数初值的计算

计数器在 CK_CNT 的驱动下，计一个数的时间是 CK_CLK 的倒数，即 $1/(\text{TIMxCLK}/(\text{PSC}+1))$；从开始计数到溢出期间计数器加 1 的个数是 ARR+1：

$$\text{time(溢出时间)} = \frac{\text{ARR}+1}{\dfrac{\text{TIMxCLK}}{\text{PSC}+1}} \tag{7-3}$$

【例 7.1】 要求每 300ms 中断一次，请计算自动重装载寄存器 ARR 的值和预分频器 PSC 的值。

解：若按照固件库里的配置，通用定时器 TIMxCLK＝72MHz，代入式(7-3)，整理后得：

$$(ARR+1) \times (PSC+1) = 300 \times 72 \times 1000$$

即

$$(ARR+1) \times (PSC+1) = 3000 \times 7200$$

可以得到多组 ARR 和 PSC 的值的组合，如：ARR＝2999，PSC＝7199 等。

3. 应用实例

【例 7.2】 采用定时中断方式定时 500ms，500ms 后将 LED1 灯发光状态翻转。

部分程序(包括定时器初始化、定时中断函数、主函数)如下所示：

```
# include "timer.h"
# include "led.h"
void TIM3_Int_Init(u16 arr,u16 psc)
{
  TIM_TimeBaseInitTypeDef    TIM_TimeBaseStructure;
NVIC_InitTypeDef NVIC_InitStructure;
RCC_APB1PeriphClockCmd(RCC_APB1Periph_TIM3, ENABLE);        //时钟使能
 //定时器 TIM3 初始化
//设置在下一个更新事件装入活动的自动重装载寄存器周期的值
TIM_TimeBaseStructure.TIM_Period = arr;
//设置用来作为 TIMx 时钟频率除数的预分频值
TIM_TimeBaseStructure.TIM_Prescaler = psc;
//设置时钟分割:TDTS = Tck_tim
TIM_TimeBaseStructure.TIM_ClockDivision = TIM_CKD_DIV1;
//TIM 向上计数模式
TIM_TimeBaseStructure.TIM_CounterMode = TIM_CounterMode_Up;
//根据指定的参数初始化 TIMx 的时间基数单位
TIM_TimeBaseInit(TIM3, &TIM_TimeBaseStructure);
   //使能指定的 TIM3 中断,允许更新中断
TIM_ITConfig(TIM3,TIM_IT_Update,ENABLE );
//中断优先级 NVIC 设置
NVIC_InitStructure.NVIC_IRQChannel = TIM3_IRQn;            //TIM3 中断
//先占优先级 0 级
NVIC_InitStructure.NVIC_IRQChannelPreemptionPriority = 0;
  NVIC_InitStructure.NVIC_IRQChannelSubPriority = 3;       //从优先级 3 级
  NVIC_InitStructure.NVIC_IRQChannelCmd = ENABLE;          //IRQ 通道被使能
  NVIC_Init(&NVIC_InitStructure);                          //初始化 NVIC 寄存器
  TIM_Cmd(TIM3, ENABLE);                                   //使能 TIMx
  }
  //定时器 3 中断服务程序
  void TIM3_IRQHandler(void)                               //TIM3 中断
  {
//检查 TIM3 更新中断发生与否
if(TIM_GetITStatus(TIM3, TIM_IT_Update) != RESET)
  {
TIM_ClearITPendingBit(TIM3, TIM_IT_Update  );             //清除 TIMx 更新中断标志
LED1 = !LED1;
  }
```

```
}
# include "led.h"
# include "delay.h"
# include "stm32f10x.h"
# include "timer.h"
int main(void)
{
//设置 NVIC 中断分组 2:2 位抢占优先级,2 位响应优先级
NVIC_PriorityGroupConfig(NVIC_PriorityGroup_2);
LED_Init();                              //LED 端口初始化
TIM3_Int_Init(4999,7199);               //10kHz 的计数频率,计数到 5000 为 500ms
    while(1);
}
```

7.3.2 PWM 输出功能

1. PWM 输出的编程步骤

(1) 使能定时器时钟和相关 GPIO 的时钟。

(2) 初始化 GPIO 口为复用推挽输出模式。

(3) 若需将定时器的 PWM 输出脚重映射到某个 I/O 引脚,需设置重映射并使能 AFIO 时钟。

(4) 时基单元初始化,配置 PSC、ARR 等。

(5) 输出比较 OCx 初始化。

(6) 使能预装载寄存器。

(7) 使能定时器。

(8) 不断改变比较值 CCRx,达到不同的占空比的效果。

2. PWM 输出的应用实例

【**例 7.3**】 使用 TIM2、TIM3 输出占空比不断变化的 PWM 波信号,驱动 PB3、PB4、PB5 外接的 LED 灯,实现呼吸灯。

解:由于 PB3、PB4 默认是 JTAG 下载功能,因此需要使用引脚重映射,关闭 PB3、PB4 的 JTAG 下载功能,以启用它们的通用输入输出功能。查阅《STM32 中文参考手册》中"通用和复用功能 I/O(GPIO 和 AFIO)"一章的"定时器复用功能重映射"部分,可以找到如表 7.30 和表 7.31 所示的内容。

表 7.30 TIM3 复用功能重映射

复用功能	TIM3_REMAP[1:0]=00 (没有重映射)	TIM3_REMAP[1:0]=10 (部分重映射)	TIM3_REMAP[1:0]=11 (完全重映射)[1]
TIM3_CH1	PA6	PB4	PC6
TIM3_CH2	PA7	PB5	PC7
TIM3_CH3	PB0		PC8
TIM3_CH4	PB1		PC9

注:(1) 重映射只适用于 64 脚、100 脚和 144 脚的封装。

表 7.31 TIM2 复用功能重映射

复用功能	TIM2_REMAP[1:0]=00（没有重映射）	TIM2_REMAP[1:0]=01（部分重映射）	TIM2_REMAP[1:0]=10（部分重映射）[1]	TIM2_REMAP[1:0]=11（完全重映射）[1]
TIM2_CH1_ETR[2]	PA0	PA15	PA0	PA15
TIM2_CH2	PA1	PB3	PA1	PB3
TIM2_CH3	PA2		PB10	
TIM2_CH4	PA3		PB11	

注：(1) 重映射不适用于 36 脚的封装。

(2) TIM2_CH1 和 TIM2_ETR 共用一个引脚，但不能同时使用（因此在此使用这样的标记：TIM2_CH1_ETR）。

要驱动 PB3、PB4、PB5 的 LED 灯，需要使用 TIM2_CH2 的部分重映射 1 和 TIM3_CH1 和 TIM3_CH2 的部分重映射。

在时基单元初始化时，需要确定自动重载值 ARR、预分频值 PSC 和比较值 CCRx 的取值。

如图 7.17 所示，因为占空比决定了呼吸灯的亮度，若呼吸灯完成一呼一吸需要 3s，则从灭（占空比为 0）到最亮（占空比为 1）需要 1.5s；若将亮度分成 150 个等级（正好一个等级持续 10ms），由公式（7-2）可知，当 ARR 为 149 时，比较值 CCRx 从 0 取到 149，占空比正好为 150 个等级。由此确定出了 ARR 和 CCRx 的取值。由于 PSC 不影响呼吸灯亮度（占空比），只是影响 PWM 波的频率，当 PWM 波的频率足够高时，频率的变化是不影响人眼的观感的，因此 PSC 取 499（可随意取一个较小的值），保证足够高的频率，使呼吸灯运行平稳。

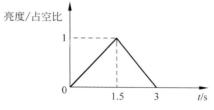

图 7.17 呼吸灯亮度变化示意图

```c
#include "stm32f10x.h"
#include "pwm.h"

void pwm_init(void)
{
  GPIO_InitTypeDef GPIO_InitStruct;
    TIM_TimeBaseInitTypeDef TIM_TimeBaseInitStruct;
    TIM_OCInitTypeDef TIM_OCInitStruct;

    RCC_APB2PeriphClockCmd(RCC_APB2Periph_GPIOB|RCC_APB2Periph_AFIO,ENABLE);
    RCC_APB1PeriphClockCmd(RCC_APB1Periph_TIM2|RCC_APB1Periph_TIM3,ENABLE);

    GPIO_PinRemapConfig(GPIO_Remap_SWJ_JTAGDisable,ENABLE);
    GPIO_PinRemapConfig(GPIO_PartialRemap1_TIM2,ENABLE);
    GPIO_PinRemapConfig(GPIO_PartialRemap_TIM3,ENABLE);

    GPIO_InitStruct.GPIO_Mode = GPIO_Mode_AF_PP;
    GPIO_InitStruct.GPIO_Pin = GPIO_Pin_3|GPIO_Pin_4|GPIO_Pin_5;
    GPIO_InitStruct.GPIO_Speed = GPIO_Speed_10MHz;
```

```
        GPIO_Init(GPIOB,&GPIO_InitStruct);

        TIM_TimeBaseInitStruct.TIM_ClockDivision = TIM_CKD_DIV1;
        TIM_TimeBaseInitStruct.TIM_CounterMode = TIM_CounterMode_Up;
        TIM_TimeBaseInitStruct.TIM_Period = 149;
        TIM_TimeBaseInitStruct.TIM_Prescaler = 499;
        TIM_TimeBaseInit(TIM2,&TIM_TimeBaseInitStruct);
        TIM_TimeBaseInit(TIM3,&TIM_TimeBaseInitStruct);

        TIM_OCInitStruct.TIM_OCMode = TIM_OCMode_PWM1;
        TIM_OCInitStruct.TIM_OCPolarity = TIM_OCPolarity_High;
        TIM_OCInitStruct.TIM_OutputState = TIM_OutputState_Enable;
        TIM_OCInitStruct.TIM_Pulse = 0;
        TIM_OC2Init(TIM2,&TIM_OCInitStruct);
        TIM_OC2Init(TIM3,&TIM_OCInitStruct);
      TIM_OC1Init(TIM3,&TIM_OCInitStruct);

        TIM_Cmd(TIM2,ENABLE);
        TIM_Cmd(TIM3,ENABLE);
}

# include "stm32f10x.h"
# include "pwm.h"
# include "delay.h"

int main(void)
{
    u16 compare1 = 0,compare2 = 70,compare3 = 149;
     char flag1 = 0,flag2 = 0,flag3 = 0;

     pwm_init();
     delay_init();

    while(1)
    {
            TIM_SetCompare1(TIM3,compare1);
            TIM_SetCompare2(TIM3,compare2);
            TIM_SetCompare2(TIM2,compare3);
            delay_ms(10);

            if((compare1 < 149)&&(flag1 == 0))compare1++;
            else if((compare1 == 149)&&(flag1 == 0))flag1 = 1;
            else if((compare1 > 0)&&(flag1 == 1))compare1 -- ;
            else if((compare1 == 0)&&(flag1 == 1))flag1 = 0;

            if((compare2 < 149)&&(flag2 == 0))compare2++;
            else if((compare2 == 149)&&(flag2 == 0))flag2 = 1;
            else if((compare2 > 0)&&(flag2 == 1))compare2 -- ;
```

```
            else if((compare2 == 0)&&(flag2 == 1))flag2 = 0;

            if((compare3 < 149)&&(flag3 == 0))compare3++;
            else if((compare3 == 149)&&(flag3 == 0))flag3 = 1;
            else if((compare3 > 0)&&(flag3 == 1))compare3 -- ;
            else if((compare3 == 0)&&(flag3 == 1))flag3 = 0;
    }
}
```

7.3.3 输入捕获功能

1. 输入捕获的编程步骤

(1) 初始化定时器时钟和通道所在的 GPIO 的时钟。

(2) 初始化 GPIO 的输入输出模式。

(3) 初始化时基单元,设置 ARR 和 PSC 的值。

(4) 初始化输入捕获通道。

(5) 开启捕获中断。

(6) NVIC 优先级分组和 NVIC 初始化。

(7) 使能定时器。

(8) 编写定时器中断函数。

2. 输入捕获的应用实例

【例 7.4】 使用 TIM3 的捕获功能,检测按键按下的时间长度。

```c
# include "stm32f10x.h"
# include "capture.h"
# include "stdio.h"

void capture_init(void)
{
  GPIO_InitTypeDef GPIO_InitStruct;
    TIM_TimeBaseInitTypeDef TIM_TimeBaseInitStruct;
    TIM_ICInitTypeDef TIM_ICInitStruct;
    NVIC_InitTypeDef NVIC_InitStruct;

    RCC_APB1PeriphClockCmd(RCC_APB1Periph_TIM3,ENABLE);
    RCC_APB2PeriphClockCmd(RCC_APB2Periph_GPIOB,ENABLE);

    GPIO_InitStruct.GPIO_Mode = GPIO_Mode_IN_FLOATING;
    GPIO_InitStruct.GPIO_Pin = GPIO_Pin_0|GPIO_Pin_1;
    GPIO_Init(GPIOB,&GPIO_InitStruct);

    TIM_TimeBaseInitStruct.TIM_ClockDivision = TIM_CKD_DIV1;
    TIM_TimeBaseInitStruct.TIM_CounterMode = TIM_CounterMode_Up;
    //Period取最大值,TIM尽量少溢出,保证计数值连续
    TIM_TimeBaseInitStruct.TIM_Period = 0xFFFF;
    TIM_TimeBaseInitStruct.TIM_Prescaler = 71;    //使时钟周期为1μs
```

```
        TIM_TimeBaseInit(TIM3,&TIM_TimeBaseInitStruct);

        TIM_ICInitStruct.TIM_Channel = TIM_Channel_3;
        TIM_ICInitStruct.TIM_ICFilter = 0;
        TIM_ICInitStruct.TIM_ICPolarity = TIM_ICPolarity_Falling;
        TIM_ICInitStruct.TIM_ICPrescaler = TIM_ICPSC_DIV1;
        TIM_ICInitStruct.TIM_ICSelection = TIM_ICSelection_DirectTI;
        TIM_ICInit(TIM3,&TIM_ICInitStruct);

        NVIC_PriorityGroupConfig(NVIC_PriorityGroup_2);
        NVIC_InitStruct.NVIC_IRQChannel = TIM3_IRQn;
        NVIC_InitStruct.NVIC_IRQChannelCmd = ENABLE;
        NVIC_InitStruct.NVIC_IRQChannelPreemptionPriority = 2;
        NVIC_InitStruct.NVIC_IRQChannelSubPriority = 2;
        NVIC_Init(&NVIC_InitStruct);
        TIM_ITConfig(TIM3,TIM_IT_CC3,ENABLE);

        TIM_Cmd(TIM3,ENABLE);
}

u8 intertimes = 0;
u16 cap_val,cap_val1,cap_val2;

void TIM3_IRQHandler(void)
{
  if(TIM_GetITStatus(TIM3,TIM_IT_CC3) == SET)
    {
      intertimes = (intertimes + 1) % 2;
        if(intertimes == 1)
          {
        TIM_OC3PolarityConfig(TIM3,TIM_OCPolarity_High);
            cap_val1 = TIM_GetCapture3(TIM3);
          }
        else if(intertimes == 0)
          {
          TIM_OC3PolarityConfig(TIM3,TIM_OCPolarity_Low);
            cap_val2 = TIM_GetCapture3(TIM3);
            cap_val = cap_val2 - cap_val1;
            printf("the button down time is %d us\r\n",cap_val);
          }

        TIM_ClearITPendingBit(TIM3,TIM_IT_CC3);
    }
}
# include "stm32f10x.h"
# include "usart.h"
# include "capture.h"
```

```
int main(void)
{
    capture_init();
    usart_init();

    while(1)
    {

    }
}
```

运行效果见图 7.18。

图 7.18 输入捕获程序运行效果

## 第 8 章

I²C 接口的原理与应用

I²C(Iner-Integrated Circuit)协议是由 Philips 公司开发的两线式串行总线,用于连接微控制器与外围设备。它由数据线 SDA 和时钟线 SCL 构成,可发送和接收数据,采用半双工通信方式。

8.1 I²C 总线概述

如图 8.1 所示,I²C 总线只有两根线: SDA 和 SCL,其中 SDA 是数据线,SCL 是时钟线。具有 I²C 接口的单片机可以直接与具有 I²C 接口的外围器件(如 OLED、存储器、键盘等)相连。I²C 的通信过程主要由主器件控制,主器件发出起始信号以启动数据的传输、发出时钟信号、发出终止信号以结束数据的传输,一般由单片机担任。从器件一般由单片机外接的具有 I²C 接口的扩展器件担任,如液晶屏、存储器等。I²C 总线可以是多主器件系统,可以连接多于一个能控制总线的器件到总线。如果两个或更多主机同时初始化数据传输可以通过冲突检测和仲裁防止数据被破坏,保证一个时刻只有一个主器件,此时主器件可以作为主机发送器,也可以作为主机接收器。

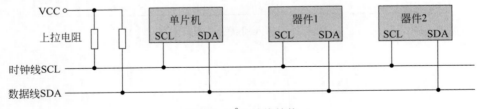

图 8.1　I²C 总线结构

8.1.1 I²C 总线的硬件构成

I²C 接口内部是漏极开路或集电极开路,因而输出 0 时可以正常输出,向外输出 1 时,只能输出高阻态,此时 SDA 线上的 1 实际是由上拉电阻拉到高电平的。可见 SDA 线空闲状态是高电平; SDA 具有"线与"的特点,即只要有一个器件向外输出 0,则整个 SDA 线都将被拉到低电平。

I²C 的数据传输速率在标准模式下为 100kb/s,快速模式下为 400kb/s,高速模式下为

3.4Mb/s。每个连接到 I²C 总线上的器件都有唯一的地址，而且都可以作为发送器或者接收器。I²C 总线上能连接的最大器件数目受总线最大电容 400pF 的限制。

8.1.2　I²C 总线协议

1. 数据的有效性

SDA 线上的数据必须在时钟的高电平周期保持稳定。数据线的高或低电平状态只有在 SCL 线的时钟信号是低电平时才能改变，如图 8.2 所示。

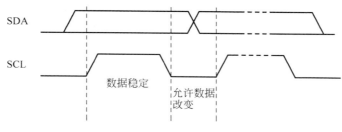

图 8.2　I²C 总线的位传输

2. 起始信号和停止信号

如图 8.3 所示，当 SCL 线为高电平时，SDA 线从高电平向低电平切换表示起始信号 S；当 SCL 为高电平时，SDA 线由低电平向高电平切换表示停止信号 P。

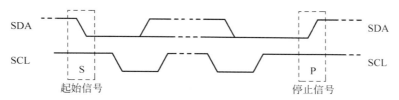

图 8.3　I²C 总线的起始信号和停止信号

没有 I²C 接口的单片机在每个时钟周期至少要采样 SDA 线两次，判别有没有发生电平切换。

3. 字节格式和应答

如图 8.4 所示，发送到 SDA 线上的每个字节必须为 8 位，每个字节后必须跟一个 ACK 应答位。首先传输的是数据的最高位 MSB。每次传输可以发送的字节数量不受限制。如果从机要完成一些其他功能后（例如，一个内部中断服务程序）才能接收或发送下一个完整的数据字节，可以使时钟线 SCL 保持低电平迫使主机进入等待状态。在从机准备好接收下一个数据字节并释放时钟线 SCL 后，数据传输继续。

数据传输必须带 ACK 应答，相关的 ACK 应答时钟脉冲由主机产生。在 ACK 应答的时钟脉冲期间发送器释放 SDA 线（高）。在 ACK 应答的时钟脉冲期间，接收器必须将 SDA 线拉低，使它在这个时钟脉冲的高电平期间保持稳定的低电平。

通常被寻址的接收器在接收到每个字节后必须产生一个 ACK 应答。当从机不能应答从机地址时（例如，它正在执行一些实时函数不能接收或发送），从机必须使数据线保持高电平，然后主机产生一个停止条件终止传输或者产生重复起始条件开始新的传输。

如果从机接收器应答了从机地址但是在传输了一段时间后不能接收更多数据字节，那

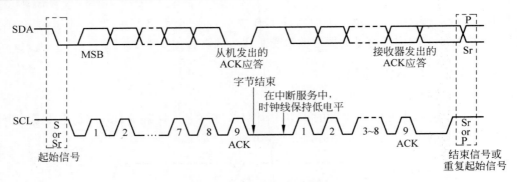

图 8.4　I^2C 总线的数据传输

么主机必须再一次终止传输。这个情况用从机在第一个字节后产生 $\overline{ACK}$ 非应答来表示。如图 8.5 所示,从机使数据线保持高电平,主机产生一个停止或重复起始条件。

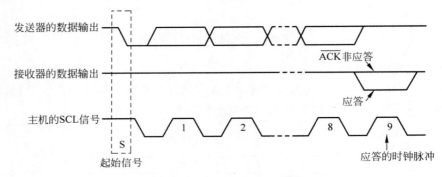

图 8.5　I^2C 总线的 ACK 应答和 $\overline{ACK}$ 非应答

　　如果传输中有主机接收器,它必须在接收最后一个字节时产生一个 $\overline{ACK}$ 非应答,通知从机发送器释放数据线,以便主机产生一个停止或重复起始条件,结束数据传输或启动下一次数据传输。

4. 7 位地址的数据格式

　　数据的传输遵循如图 8.6 所示的格式。在起始信号 S 后发送了一个从机地址。这个地址共有 7 位,紧接着的第 8 位是数据方向位($R/\overline{W}$)。数据传输一般由主机产生的停止位 P 终止。

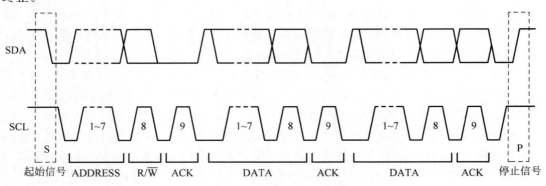

图 8.6　I^2C 总线完整的数据传输格式

如图 8.7 所示为主机发送器发送数据到从机接收器的数据格式。如图 8.8 所示为主机接收器接收来自从机发送器数据时的数据格式。

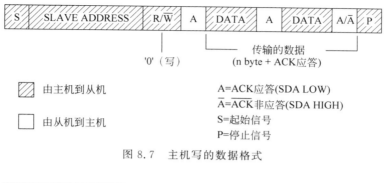

图 8.7　主机写的数据格式

图 8.8　主机读的数据格式

如果主机仍希望在总线上通信，它可以产生重复起始信号 Sr 并寻址另一个从机，而不是首先产生一个停止条件，如图 8.9 所示。在这种传输中可能有不同的读写时序。

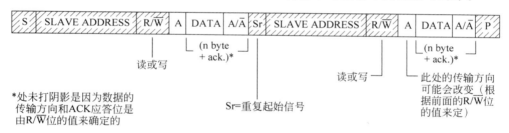

图 8.9　重复起始信号 Sr

8.2　STM32 的 I²C 接口内部结构及特性

8.2.1　I²C 的引脚

在图 8.10 中，I²C 的引脚由数据线 SDA 和时钟线 SCL 构成，I²C 通信没有使用 SMBALERT 线。STM32 芯片有多个 I²C 外设，它们的 I²C 通信信号引出到不同的 GPIO 引脚上，使用时必须配置到这些指定的引脚，具体如表 8.1 和表 8.2 所示。

表 8.1　I²C 引脚分布表

引　脚	I²C1	I²C2
SCL	PB6/PB8（重映射）	PB10
SDA	PB7/PB9（重映射）	PB11

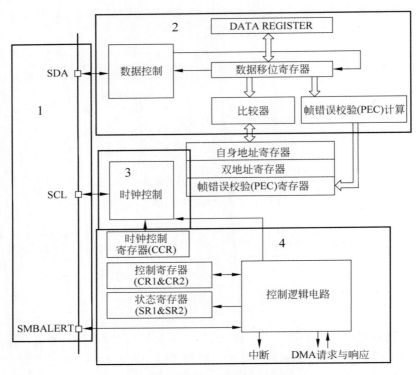

图 8.10　STM32 的 I^2C 结构框图

表 8.2　I^2C 的 GPIO 复用配置

I^2C 引脚	配　　置	GPIO 配置
I2Cx_SCL	I^2C 时钟	开漏复用输出
I2Cx_SDA	I^2C 数据	开漏复用输出

8.2.2　I^2C 的通信过程

使用 I^2C 外设通信时,在通信的不同阶段它会对状态寄存器(SR1 及 SR2)的不同数据位写入参数,通过读取这些寄存器标志来了解通信状态。

1. 主发送器

主发送器通信过程如图 8.11 所示。

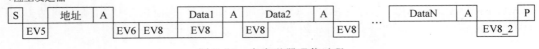

图 8.11　主发送器通信过程

(1) 控制产生起始信号 S,当发生起始信号后,它产生 EV5 事件,并将寄存器 SR1 的 SB 位设置为 1,表示起始信号已经发送;

(2) 发送设备地址并等待应答信号,若有从机应答,则产生事件"EV6"及"EV8",这时 SR1 寄存器的"ADDR"位及"TXE"位被置 1, ADDR 为 1 表示地址已经发送,TXE 为 1 表示数据寄存器为空；

（3）向 I²C 的数据寄存器 DR 写入要发送的数据，这时 TXE 位会被重置 0，表示数据寄存器非空，I²C 外设通过 SDA 信号线一位位把数据发送出去后，又会产生"EV8"事件，即 TXE 位被置 1，重复这个过程，可以发送多个字节数据；

（4）当最后一个字节发送完成后，产生"EV8_2"事件，TxE=1，BTF=1，表示请求设置停止位。控制主发生器产生停止信号。

2. 主接收器

主接收器通信过程如图 8.12 所示。

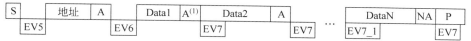

注：（1）若只接收一个字节，则是非应答 NA

图 8.12 主接收器通信过程

（1）控制主机端发出起始信号 S，当发生起始信号后，它产生 EV5 事件，并将寄存器 SR1 的 SB 位设置为 1，表示起始信号已经发送；

（2）发送设备地址并等待应答信号，若有从机应答，则产生事件"EV6"，这时 SR1 寄存器的"ADDR"位被置 1，表示地址已经发送；

（3）从机端收到地址后，开始向主机端发送数据。当主机接收到这些数据后，产生"EV7"事件，寄存器 SR1 的 RXNE 位被置 1，表示接收数据寄存器非空。此时可控制主机从数据寄存器中读取数据，以便下一次接收新的数据。接着，控制主机发送应答信号（ACK）或非应答信号（NACK），若应答，则重复以上步骤接收数据，若非应答，则停止传输；

（4）发送非应答信号后，产生停止信号 P，结束传输。

从接收器和从发送器的通信过程可参阅《STM32 中文参考手册》。使用寄存器检测这些标志位过于复杂，可通过调用 STM32 的标准库函数来实现通信过程。

8.3 I²C 的常用库函数

8.3.1 函数 I2C_ Init()

函数 I2C_ Init()具体描述如表 8.3 所示。

表 8.3 I2C_ Init()的函数描述表

函数名	I2C_Init
函数原型	void I2C_Init(I2C_TypeDef * I2Cx, I2C_InitTypeDef * I2C_InitStruct)
功能描述	根据 I2C_InitStruct 中指定的参数初始化外设 I2Cx 寄存器
输入参数 1	I2Cx：x 可以是 1 或者 2，用于选择 I²C 外设
输入参数 2	I2C_InitStruct：指向结构 I2C_InitTypeDef 的指针，包含了外设 GPIO 的配置信息
输出参数	无
返回值	无
先决条件	无
被调用函数	无

其中,参数 I2C_InitTypeDef 在文件 stm32f10x_i2c.h 中定义,代码如下:

```
typedef struct
{
u16 I2C_Mode;
u16 I2C_DutyCycle;
u16 I2C_OwnAddress1;
u16 I2C_Ack;
u16 I2C_AcknowledgedAddress;
u32 I2C_ClockSpeed;
} I2C_InitTypeDef;
```

参数 I2C_Mode 用来设置 I^2C 的模式,表 8.4 给出了参数的可取值。

表 8.4 I2C_Mode 取值

I2C_Mode 的值	描 述
I2C_Mode_I2C	设置 I^2C 为 I2C 模式
I2C_Mode_SMBusDevice	设置 I^2C 为 SMBus 设备模式
I2C_Mode_SMBusHost	设置 I^2C 为 SMBus 主控模式

参数 I2C_DutyCycle 用来设置 I^2C 的占空比。表 8.5 给出了参数的可取值。

表 8.5 I2C_DutyCycle 取值

I2C_DutyCycle 的值	描 述
I2C_DutyCycle_16_9	I^2C 快速模式 Tlow/Thigh=16/9
I2C_DutyCycle_2	I^2C 快速模式 Tlow/Thigh=2

注意:该参数只有在 I^2C 工作在快速模式(时钟工作频率高于 100kHz)时才有意义。

参数 I2C_OwnAddress1 用来设置第一个设备自身地址,它可以是一个 7 位地址或者一个 10 位地址。I2C_OwnAddress1 是 STM32 设备本身的地址,一般 STM32 作为主设备,可以不用关心这个地址设置,但是如果 STM32 作为从设备使用时,必须进行配置。I2C_Send7bitAddress(I2Cx, address, direction)中的 address 指的是外设器件从设备地址,比如挂载 EEPROM 时,通常是 0xA0。这个地址不能和 I2C_OwnAddress1 混淆。

参数 I2C_Ack 使能或者失能应答(ACK),表 8.6 给出了该参数的可取值。

表 8.6 I2C_Ack 取值

I2C_Ack 的值	描 述
I2C_Ack_Enable	使能应答(ACK)
I2C_Ack_Disable	失能应答(ACK)

参数 I2C_AcknowledgedAddress 定义了应答 7 位地址还是 10 位地址。表 8.7 给出了该参数的可取值。

表 8.7 I2C_AcknowledgedAddress 取值

I2C_AcknowledgedAddress 的值	描 述
I2C_AcknowledgedAddress_7bit	应答 7 位地址
I2C_AcknowledgedAddress_10bit	应答 10 位地址

参数 I2C_ClockSpeed 用来设置时钟频率,其值不能高于 400kHz。
参数设置实例代码如下:

```
/* Initialize the I2C1 according to the I2C_InitStructure members */
I2C_InitTypeDef I2C_InitStructure;
I2C_InitStructure.I2C_Mode = I2C_Mode_SMBusHost;
I2C_InitStructure.I2C_DutyCycle = I2C_DutyCycle_2;
I2C_InitStructure.I2C_OwnAddress1 = 0x03A2;
I2C_InitStructure.I2C_Ack = I2C_Ack_Enable;
I2C_InitStructure.I2C_AcknowledgedAddress = I2C_AcknowledgedAddress_7bit;
I2C_InitStructure.I2C_ClockSpeed = 200000;
I2C_Init(I2C1, &I2C_InitStructure);
```

8.3.2 函数 I2C_Cmd()

函数 I2C_Cmd()具体描述如表 8.8 所示。

表 8.8 I2C_Cmd()的函数描述表

函数名	I2C_Cmd
函数原型	void I2C_Cmd(I2C_TypeDef * I2Cx,FunctionalState NewState)
功能描述	使能或者失能 I²C 外设
输入参数 1	I2Cx:x 可以是 1 或者 2,用于选择 I²C 外设
输入参数 2	NewState:外设 I2Cx 的新状态,参数可取值 ENABLE 或者 DISABLE
输出参数	无
返回值	无
先决条件	无
被调用函数	无

函数调用实例代码如下:

```
/* Enable I2C1 peripheral */
I2C_Cmd(I2C1, ENABLE);
```

8.3.3 函数 I2C_GenerateSTART()

函数 I2C_GenerateSTART()具体描述如表 8.9 所示。

表 8.9 I2C_GenerateSTART()的函数描述表

函数名	I2C_GenerateSTART
函数原型	void I2C_GenerateSTART(I2C_TypeDef * I2Cx,FunctionalState NewState)
功能描述	产生 I2Cx 传输 START 条件
输入参数 1	I2Cx:x 可以是 1 或者 2,用于选择 I²C 外设
输入参数 2	NewState:I2Cx START 条件的新状态,参数可取值 ENABLE 或者 DISABLE
输出参数	无
返回值	无
先决条件	无
被调用函数	无

函数调用实例代码如下:

```
/* Generate a START condition on I2C1 */
I2C_GenerateSTART(I2C1, ENABLE);
```

8.3.4 函数 I2C_CheckEvent()

函数 I2C_CheckEvent()具体描述如表 8.10 所示。

表 8.10 I2C_CheckEvent()的函数描述表

函数名	I2C_CheckEvent
函数原型	ErrorStatus I2C_CheckEvent(I2C_TypeDef * I2Cx, u32 I2C_EVENT)
功能描述	检查最近一次发生的 I^2C 事件是否和输入参数一致
输入参数 1	I2Cx: x 可以是 1 或者 2,用于选择 I^2C 外设
输入参数 2	I2C_EVENT: 定义了待检查的事件
输出参数	无
返回值	ErrorStatus 的枚举值: SUCCESS 表示最后发生的事件等于 I2C_EVENT; ERRO 表示最后发生的事件不等于 I2C_EVENT
先决条件	无
被调用函数	无

其中,参数 I2C_EVENT 表示信号发生过程中的事件的编号,取值范围见表 8.11。

表 8.11 I2C_EVENT 取值

I2C_EVENT 的值	描 述
I2C_EVENT_SLAVE_TRANSMITTER_ADDRESS_MATCHED	EV1
I2C_EVENT_SLAVE_RECEIVER_ADDRESS_MATCHED	EV1
I2C_EVENT_SLAVE_TRANSMITTER_SECONDADDRESS_MATCHED	EV1
I2C_EVENT_SLAVE_RECEIVER_SECONDADDRESS_MATCHED	EV1
I2C_EVENT_SLAVE_GENERALCALLADDRESS_MATCHED	EV1
I2C_EVENT_SLAVE_BYTE_RECEIVED	EV2
(I2C_EVENT_SLAVE_BYTE_RECEIVED | I2C_FLAG_DUALF)	EV2
(I2C_EVENT_SLAVE_BYTE_RECEIVED | I2C_FLAG_GENCALL)	EV2
I2C_EVENT_SLAVE_BYTE_TRANSMITTED	EV3
(I2C_EVENT_SLAVE_BYTE_TRANSMITTED | I2C_FLAG_DUALF)	EV3
(I2C_EVENT_SLAVE_BYTE_TRANSMITTED | I2C_FLAG_GENCALL)	EV3
I2C_EVENT_SLAVE_ACK_FAILURE	EV3_2
I2C_EVENT_SLAVE_STOP_DETECTED	EV4
I2C_EVENT_MASTER_MODE_SELECT	EV5
I2C_EVENT_MASTER_TRANSMITTER_MODE_SELECTED	EV6
I2C_EVENT_MASTER_RECEIVER_MODE_SELECTED	EV6
I2C_EVENT_MASTER_BYTE_RECEIVED	EV7
I2C_EVENT_MASTER_BYTE_TRANSMITTING	EV8
I2C_EVENT_MASTER_BYTE_TRANSMITTED	EV8_2
I2C_EVENT_MASTER_MODE_ADDRESS10	EV9

函数调用实例代码如下：

```
/* 检查 I2C1 发生的事件是不是 I2C_EVENT_MASTER_BYTE_RECEIVED */
ErrorStatus Status;
Status = I2C_CheckEvent(I2C1, I2C_EVENT_MSTER_BYTE_RECEIVED);
```

8.3.5 函数 I2C_Send7bitAddress()

函数 I2C_Send7bitAddress()具体描述如表 8.12 所示。

表 8.12 I2C_Send7bitAddress()的函数描述表

函数名	I2C_Send7bitAddress
函数原型	void I2C_Send7bitAddress(I2C_TypeDef * I2Cx，u8 Address，u8 I2C_Direction)
功能描述	向指定的从 I²C 设备传送地址字
输入参数 1	I2Cx：x 可以是 1 或者 2，用于选择 I²C 外设；Address：待传输的从 I²C 地址
输入参数 2	I2C_Direction：设置指定的 I²C 设备工作为发射端还是接收端
输出参数	无
返回值	无
先决条件	无
被调用函数	无

参数 I2C_Direction 设置 I²C 接口为发送端模式或者接收端模式，具体见表 8.13。

表 8.13 I2C_Direction 取值

I2C_Direction 的值	描　　述
I2C_Direction_Transmitter	选择发送方向
I2C_Direction_Receiver	选择接收方向

函数调用实例代码如下：

```
/* 发送,发送器, 从机地址 0xA8 为 I2C1 的 7 位地址模式 */
I2C_Send7bitAddress(I2C1, 0xA8, I2C_Direction_Transmitter);
```

8.3.6 函数 I2C_SendData()

函数 I2C_SendData()具体描述如表 8.14 所示。

表 8.14 I2C_SendData()的函数描述表

函数名	I2C_SendData
函数原型	void I2C_SendData(I2C_TypeDef * I2Cx，u8 Data)
功能描述	通过外设 I2Cx 发送一个数据
输入参数 1	I2Cx：x 可以是 1 或者 2，用于选择 I²C 外设
输入参数 2	Data：待发送的数据
输出参数	无
返回值	无
先决条件	无
被调用函数	无

函数调用实例代码如下：

```
/* I2C2 发送数据 0x5D */
I2C_SendData(I2C2, 0x5D);
```

8.3.7　函数 I2C_ GenerateSTOP()

函数 I2C_GenerateSTOP()具体描述如表 8.15 所示。

表 8.15　I2C_ GenerateSTOP()的函数描述表

函数名	I2C_GenerateSTOP
函数原型	void I2C_GenerateSTOP(I2C_TypeDef * I2Cx, FunctionalState NewState)
功能描述	产生 I2Cx 传输 STOP 条件
输入参数 1	I2Cx：x 可以是 1 或者 2，用于选择 I^2C 外设
输入参数 2	NewState：表示 I2Cx STOP 条件的新状态，参数可以取 ENABLE 或者 DISABLE
输出参数	无
返回值	无
先决条件	无
被调用函数	无

函数调用实例代码如下：

```
/* I2C2 上产生结束条件 */
I2C_GenerateSTOP(I2C2, ENABLE);
```

8.3.8　函数 I2C_ AcknowledgeConfig()

函数 I2C_AcknowledgeConfig()具体描述如表 8.16 所示。

表 8.16　I2C_ AcknowledgeConfig()的函数描述表

函数名	I2C_ AcknowledgeConfig
函数原型	void I2C_AcknowledgeConfig(I2C_TypeDef * I2Cx, FunctionalState NewState)
功能描述	使能或者失能指定 I^2C 的应答功能
输入参数 1	I2Cx：x 可以是 1 或者 2，用于选择 I^2C 外设
输入参数 2	NewState：表示 I2Cx 应答的新状态，参数可以取 ENABLE 或者 DISABLE
输出参数	无
返回值	无
先决条件	无
被调用函数	无

函数调用实例代码如下：

```
/* 使能 I2C1 的应答功能 */
I2C_AcknowledgeConfig(I2C1, ENABLE);
```

8.3.9　函数 I2C_ReceiveData()

函数 I2C_ReceiveData()具体描述如表 8.17 所示。

表 8.17   I2C_ReceiveData()的函数描述表

函数名	I2C_ReceiveData
函数原型	u8 I2C_ReceiveData(I2C_TypeDef * I2Cx)
功能描述	返回通过 I2Cx 最近接收的数据
输入参数	I2Cx：x 可以是 1 或者 2，用于选择 I²C 外设
输出参数	无
返回值	接收到的字
先决条件	无
被调用函数	无

函数调用实例代码如下：

```
/* 读取 I2C1 收到的数据 */
u8 ReceivedData;
ReceivedData = I2C_ReceiveData(I2C1);
```

8.3.10   函数 I2C_ GetFlagStatus()

函数 I2C_GetFlagStatus()具体描述如表 8.18 所示。

表 8.18   I2C_ GetFlagStatus()的函数描述表

函数名	I2C_ GetFlagStatus
函数原型	FlagStatus I2C_GetFlagStatus(I2C_TypeDef * I2Cx, u32 I2C_FLAG)
功能描述	检查指定的 I2C 标志位设置与否
输入参数 1	I2Cx：x 可以是 1 或者 2，用于选择 I²C 外设
输入参数 2	I2C_FLAG：待检查的 I²C 标志位
输出参数	无
返回值	I2C_FLAG 的新状态[1]
先决条件	无
被调用函数	无

说明：(1) 读取寄存器可能会清除某些标志位。

参数 I2C_FLAG 表示可以被函数 I2C_ GetFlagStatus 检查的标志位，具体见表 8.19。

表 8.19   I2C_FLAG 取值

I2C_FLAG 的值	描述
I2C_FLAG_DUALF	双标志位(从模式)
I2C_FLAG_SMBHOST	SMBus 主报头(从模式)
I2C_FLAG_SMBDEFAULT	SMBus 默认报头(从模式)
I2C_FLAG_GENCALL	广播报头标志位(从模式)
I2C_FLAG_TRA	发送/接收标志位
I2C_FLAG_BUSY	总线忙标志位
I2C_FLAG_MSL	主/从标志位
I2C_FLAG_SMBALERT	SMBus 报警标志位
I2C_FLAG_TIMEOUT	超时或者 Tlow 错误标志位
I2C_FLAG_PECERR	接收 PEC 错误标志位

续表

I2C_FLAG 的值	描 述
I2C_FLAG_OVR	溢出/不足标志位(从模式)
I2C_FLAG_AF	应答错误标志位
I2C_FLAG_ARLO	仲裁丢失标志位(主模式)
I2C_FLAG_BERR	总线错误标志位
I2C_FLAG_TXE	数据寄存器空标志位(发送端)
I2C_FLAG_RXNE	数据寄存器非空标志位(接收端)
I2C_FLAG_STOPF	停止探测标志位(从模式)
I2C_FLAG_ADD10	10 位报头发送(主模式)
I2C_FLAG_BTF	字传输完成标志位
I2C_FLAG_ADDR	地址发送标志位(主模式)ADSL 地址匹配标志位(从模式)ENDAD
I2C_FLAG_SB	起始位标志位(主模式)

注意：只有位[27:0]被函数 I2C_ GetFlagStatus 用来返回指定的标志位状态。值对应经计算的寄存器中的标志位,该寄存器包含 2 个 I^2C 状态寄存器 I2C_SR1 和 I2C_SR2。

函数调用实例代码如下：

```
/ * 返回 I2C2 外围设备的 I2C_FLAG_AF 标志状态 * /
Flagstatus Status;
Status = I2C_GetFlagStatus(I2C2, I2C_FLAG_AF);
```

8.4 I^2C 接口的应用实例

8.4.1 I^2C 接口的 EEPROM(AT24C02)

AT24C02 是应用于 I^2C 接口,存储量为 256B 电可擦除只读存储器,芯片引脚图如图 8.13 所示。A0～A2 是地址线,SDA 是串行数据线,SCL 是串行时钟输入,WP 是写保护线,VCC 可接 2.7～5.5V 电源。

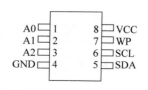

图 8.13 AT24C02 引脚

AT24C02 的芯片的器件地址有 7 位,高 4 位固定为 1010B(二进制),低 3 位的值由 A0、A1、A2 引脚上的电平决定,再加上一位读写方向位(0 表示写),如图 8.14 所示。

24C02 地址:	1	0	1	0	A2	A1	A0	R/$\overline{W}$
	MSB							LSB

图 8.14 AT24C02 的器件地址

1. AT24C02 的写时序

STM32 实际上通过 I^2C 向 EEPROM 发送两个数据,但为何第一个数据被解释为 EEPROM 的内存地址? 这是由 EEPROM 自己定义的单字节写时序规定的,向它写入数据的时候,第一个字节为内存地址,第二个字节是要写入的数据内容。

在如图 8.15 所示的单字节写时序中,每写入一个数据都需要向 EEPROM 发送写入的地址,我们希望向连续地址写入多个数据的时候,只要告诉 EEPROM 第一个内存地址 address1,后面的数据按次序写入到 address2、address3……这样可以节省通信时间,加快速度。为应对这种需求,EEPROM 定义了如图 8.16 所示的页写入时序。

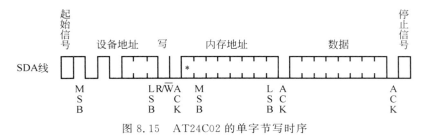

图 8.15　AT24C02 的单字节写时序

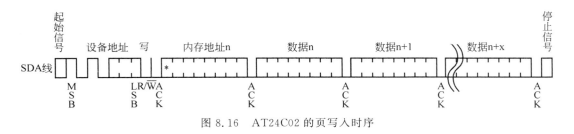

图 8.16　AT24C02 的页写入时序

根据页写入时序,第一个数据被解释为要写入的内存地址 address1,后续可连续发送 n 个数据,这些数据会依次写入到内存中。其中,AT24C02 芯片页写入时序最多可以一次发送 8 个数据(即 n=8),该值也称为页大小,某些型号的芯片每个页写入时序最多可传输 16 个数据。

2. AT24C02 的读时序

从 EEPROM 读取数据是一个复合的 I²C 时序,它实际上包含一个写过程和一个读过程。

如图 8.17 所示,在读时序的第一个通信过程中,使用 I²C 发送设备地址寻址(写方向),

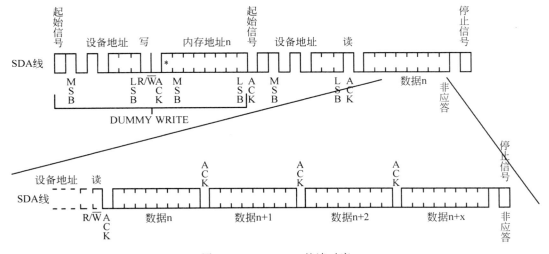

图 8.17　AT24C02 的读时序

接着发送要读取的内存地址;在第二个通信过程中,再次使用 I^2C 发送设备地址寻址,但这个时候的数据方向是读方向;在这个过程之后,EEPROM 会向主机返回从内存地址开始的数据,按字节传输,只要主机的响应为应答信号,它就会一直传输下去,主机想结束传输时,就发送非应答信号,并以停止信号结束通信,作为从机的 EEPROM 也会停止传输。

8.4.2 读写 EEPROM(AT24C02)

【例 8.1】 对如图 8.18 所示电路中的 EEPROM 进行读写操作,先向 EEPROM 中写入"The I2C Test",再将它读出,传到串口助手中显示。

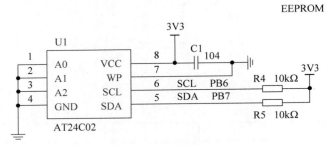

图 8.18 例 8.1 图

实际使用的电路如图 8.18 所示,A0、A1、A2 都接地,因此器件地址为 0。数据线 SDA接 PB7,时钟线 SCL 接 PB6,使用的是 STM32 的 I^2C1 口。其中 STM32 的 I^2C 外设采用主模式,分别用作主发送器和主接收器,通过查询事件的方式来确保正常通信。

1. I^2C 的初始化步骤

首先采用如下步骤初始化 I^2C。

(1) 开启 I^2C 的时钟和 I^2C 所在的 GPIOB 的时钟。

(2) 初始化 I^2C 所在的 GPIOB 为规定的开漏复用输出模式。

(3) I^2C 初始化,设置 I^2C 通信的参数。

(4) 使能 I^2C。

对应代码如下:

```
# include "I2C_EEPROM.h"
# include "stm32f10x.h"
void i2c_eeprom_init(void)
 {
   GPIO_InitTypeDef GPIO_InitStructure;        //GPIO 初始化所需变量
   I2C_InitTypeDef I2C_InitStructure;          //配置硬件 I²C 需要的变量
  //1.使能外设 I²C 时钟和 I²C 所在 GPIO 时钟
  RCC_APB1PeriphClockCmd(RCC_APB1Periph_I2C1, ENABLE );
  RCC_APB2PeriphClockCmd(RCC_APB2Periph_GPIOB, ENABLE);
 //2.初始化 GPIO 输入输出模式: I2C1 的 PIN 为 PB6/SCL,PB7/SDA
 GPIO_InitStructure.GPIO_Pin = GPIO_Pin_6|GPIO_Pin_7;
 GPIO_InitStructure.GPIO_Mode = GPIO_Mode_AF_OD ;
 GPIO_InitStructure.GPIO_Speed = GPIO_Speed_50MHz;
 GPIO_Init(GPIOB, &GPIO_InitStructure);
 //3.初始化 I2C1
```

```
//配置 I2C 模式普通 I2C 模式,I2C_OwnAddr1 是 STM32 本身的地址,当 STM32 作为主设备时,可随意设置值
  I2C_InitStructure.I2C_Mode = I2C_Mode_I2C ;
I2C_InitStructure.I2C_DutyCycle = I2C_DutyCycle_2;
I2C_InitStructure.I2C_OwnAddress1 = 0x21;
//使能自动应答 ACK,初始化时不使能,后面可以调用函数
I2C_AcknowledgeConfig(I2C1, ENABLE);           //进行使能
  I2C_InitStructure.I2C_Ack = I2C_Ack_Enable;
  I2C_InitStructure.I2C_AcknowledgedAddress = I2C_AcknowledgedAddress_7bit;
  I2C_InitStructure.I2C_ClockSpeed = 4000;
  I2C_Init(I2C1, &I2C_InitStructure);
//4.使能 I2C1 外设单元
  I2C_Cmd  (I2C1,ENABLE);
}
```

2. I²C 写时序的实现

（1）实现单字节写时序的对应代码如下：

```
void EEPROM_Byte_Write(u8 addr,u8 data)
 {
 //产生起始信号,检测 EV5
 I2C_GenerateSTART(I2C1,ENABLE);
 while(I2C_CheckEvent(I2C1,I2C_EVENT_MASTER_MODE_SELECT) == ERROR);
 //检测到 EV5 事件,发送设备地址,选择方向 Transmit,检测 EV6 事件
  I2C_Send7bitAddress(I2C1,0xA0,I2C_Direction_Transmitter);
  while(I2C_CheckEvent(I2C1,I2C_EVENT_MASTER_TRANSMITTER_MODE_SELECTED ) == ERROR);
  //检测到 EV6 事件,发送要操作的存储单元的地址 检测 EV8 事件
  I2C_SendData (I2C1,addr);
  while(I2C_CheckEvent(I2C1,I2C_EVENT_MASTER_BYTE_TRANSMITTING ) == ERROR);
  //检测到 EV8 事件,发送数据,检测 EV8_2 事件
  I2C_SendData (I2C1,data);
 while(I2C_CheckEvent(I2C1,I2C_EVENT_MASTER_BYTE_TRANSMITTED ) == ERROR);
 //检测到 EV8_2 事件,数据传输完成
  I2C_GenerateSTOP(I2C1,ENABLE);
 }
```

（2）实现页写入时序的对应代码如下：

```
void EEPROM_page_Write(u8 addr,u8 * data,u8 nbytetoWrite)
 {
 //产生起始信号,检测 EV5 事件
 I2C_GenerateSTART(I2C1,ENABLE);
 while(I2C_CheckEvent(I2C1,I2C_EVENT_MASTER_MODE_SELECT) == ERROR);
 //检测到 EV5 事件,发送设备地址,选择方向 Transmit,检测 EV6 事件
 I2C_Send7bitAddress(I2C1,0xA0,I2C_Direction_Transmitter);
 while(I2C_CheckEvent(I2C1,I2C_EVENT_MASTER_TRANSMITTER_MODE_SELECTED ) == ERROR);
 //检测到 EV6 事件,发送要操作的存储单元的地址 检测 EV8 事件
 I2C_SendData (I2C1,addr);
 while(I2C_CheckEvent(I2C1,I2C_EVENT_MASTER_BYTE_TRANSMITTING ) = = ERROR);
   while(nbytetoWrite)
   {
     if(nbytetoWrite == 1)
```

```
        {
            //检测到 EV8 事件,发送数据 检测 EV8_2 事件
            I2C_SendData (I2C1, * data);
            while(I2C_CheckEvent(I2C1,I2C_EVENT_MASTER_BYTE_TRANSMITTED ) = = ERROR);
        }
        //检测到 EV8 事件,发送数据 检测 EV8 事件
            I2C_SendData (I2C1, * data);
            while(I2C_CheckEvent(I2C1,I2C_EVENT_MASTER_BYTE_TRANSMITTING ) = = ERROR);
        nbytetoWrite -- ;
            data++;
    }
    //检测到 EV8_2 事件,数据传输完成
    I2C_GenerateSTOP(I2C1,ENABLE);

}
```

3. I²C 读时序的实现
读时序实现的代码如下:

```
//从 EEPROM 读取数据
void EEPROM_Read(u8 addr,u8 * data,u8 numByteToRead)
{
//产生起始信号
I2C_GenerateSTART(I2C1,ENABLE);
while(I2C_CheckEvent(I2C1,I2C_EVENT_MASTER_MODE_SELECT) = = ERROR);
    //检测到 EV5 事件,发送设备地址
I2C_Send7bitAddress(I2C1,0xA0,I2C_Direction_Transmitter);
while(I2C_CheckEvent(I2C1,I2C_EVENT_MASTER_TRANSMITTER_MODE_SELECTED) = = ERROR);
//检测到 EV6 事件,发送要操作的存储单元低地址
I2C_SendData (I2C1,addr);
while(I2C_CheckEvent(I2C1,I2C_EVENT_MASTER_BYTE_TRANSMITTING ) = = ERROR);
//检测到 EV8 事件,第二次起始信号
//产生起始信号
I2C_GenerateSTART(I2C1,ENABLE);
while(I2C_CheckEvent(I2C1,I2C_EVENT_MASTER_MODE_SELECT) = = ERROR);
//检测到 EV5 事件,发送设备地址,选择方向 receiver
I2C_Send7bitAddress(I2C1,0xA0,I2C_Direction_Receiver);
    while(I2C_CheckEvent(I2C1,I2C_EVENT_MASTER_RECEIVER_MODE_SELECTED ) = = ERROR);
    //检测到 EV6 事件
while(numByteToRead)
{
    if(numByteToRead == 1)
    {
        //如果为最后一个字节
        I2C_AcknowledgeConfig (I2C1,DISABLE);      //产生 notAck 信号
    }
    while(I2C_CheckEvent(I2C1,I2C_EVENT_MASTER_BYTE_RECEIVED ) = = ERROR);
    //检测到 EV7 事件,即数据寄存器有新的有效数据
    * data = I2C_ReceiveData(I2C1);
    data++;
    numByteToRead -- ;
```

```
}
//数据传输完成
I2C_GenerateSTOP(I2C1,ENABLE);
//重新配置 ACK 使能,以便下次通信
I2C_AcknowledgeConfig (I2C1,ENABLE);
}
```

4. 主函数

主函数代码如下,最后运行结果如图 8.19 所示。

```
int main(void)
{
  u8 data,addr = 0,ch = 0;
  u8 databuffer[ ] = "The I2C Test",readbuffer[sizeof(databuffer)];
  NVIC_PriorityGroupConfig(NVIC_PriorityGroup_2);
  LED_Init();
  i2c_eeprom_init();
  myusart_init();
  delay_init();
  while(1)
  {
    EEPROM_page_Write(addr,databuffer,sizeof(databuffer));
    printf("Write % s OK!\r\n",databuffer);
    delay_ms(800);
    EEPROM_Read(addr,readbuffer,sizeof(databuffer));
    printf("The read is % s\r\n",readbuffer);
  }
}
```

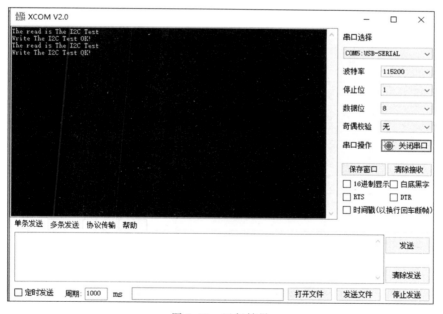

图 8.19　运行结果

## 第9章

ADC 的原理与应用

STM32F103C8T6 有 2 个 12 位的 ADC 模拟数字转换器。每个 ADC 有 10 个通道,另有 2 个测量内部信号源的通道(通道 16 和通道 17)。各通道的 A/D 转换可以单次、连续、扫描或间断模式执行。ADC 的结果可以左对齐或右对齐方式存储在 16 位数据寄存器中。模拟看门狗特性允许应用程序检测输入电压是否超出用户定义的高/低阈值。ADC 的输入时钟不得超过 14MHz,它是由 PCLK2 经分频产生。

9.1 ADC 的内部结构及特性

ADC 的内部结构如图 9.1 所示。

9.1.1 参考电压

ADC 常用电源引脚如表 9.1 所示,通常将 VREF+ 和 VDDA 都接到 VDD; VREF− 和 VSSA 都接到 VSS, ADCx_IN[15:0] 通道输入的电压 VIN 的范围为 VREF−<VIN<VREF+。

表 9.1 参考电压的连接

名　　称	信 号 类 型	注　　解
VREF+	输入,模拟参考正极	ADC 使用的高端/正极参考电压, 2.4V≤VREF+≤VDDA
VDDA[(1)]	输入,模拟电源	等效于 VDD 的模拟电源且: 2.4V ≤VDDA≤VDD(3.6V)
VREF−	输入,模拟参考负极	ADC 使用的低端/负极参考电压, VREF−=VSSA
VSSA[(1)]	输入,模拟电源地	等效于 VSS 的模拟电源地
ADCx_ IN[15:0]	模拟输入信号	16 个模拟输入通道

注: (1) VDDA 和 VSSA 应该分别连接到 VDD 和 VSS。

9.1.2 输入通道

外部的通道可分为规则通道组和注入通道组,规则通道组中最多有 16 个通道,转换结束后,数据存入同一个规则通道数据寄存器中,后面转换的数据会覆盖掉前面的数据;注入通道组中最多只能有 4 个通道,转换后数据送入 4 个不同的注入通道组数据寄存器中。

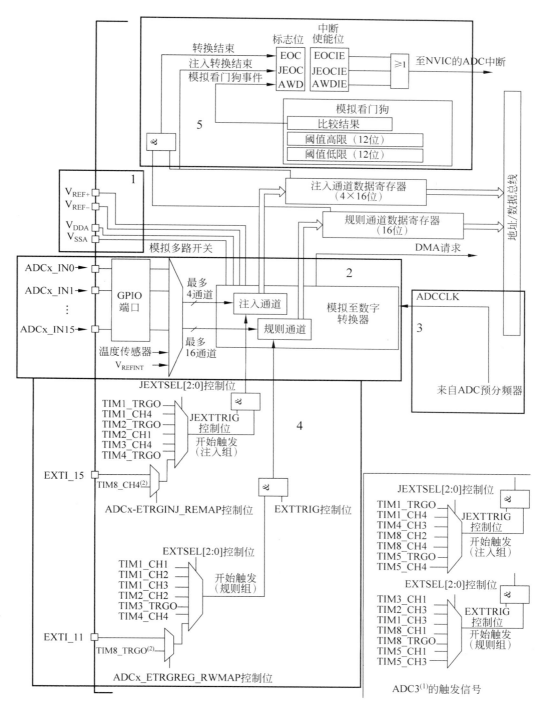

图 9.1 ADC 的结构框图

注：(1) ADC3 的规则转换触发和注入转换触发与 ADC1 和 ADC2 的不同。

(2) TIM8_CH4 和 TIM8_TRGO 及它们的重映射位只存在于大容量产品中。

规则通道组中的通道数据看上去是排着队按序转换,而注入通道组中的数据可以往规则通道组中插队。例如,本来规则通道组按顺序从通道 1 到通道 6 转换,当转换完通道 1 后,注入通道组的 AD 转换被触发了,则在转换通道 2 前插入对注入通道组的转换,注入通道组转换结束后,再接着按顺序转换规则通道组中剩余的通道数据。

9.1.3 转换时间

ADC 的时钟 ADCCLK 和 PCLK2(APB2 时钟)同步,可通过对 PCLK2 编程预分频产生 ADC 时钟。ADCCLK 频率最大不要超过 14MHz。

ADC 转换时间的计算公式为:

$$T_{conv} = 采样时间 + 12.5 \times ADCCLK 的周期 \tag{9-1}$$

其中,采样时间可以编程配置,每个通道可以分别采用不同的时间采样。

例如,PCLK2 频率为 72MHz,ADCCLK 频率为 12MHz 时,采样时间设为 1.5 个 ADCCLK 周期,则转换时间为:

$$(1.5 + 12.5)/12MHz = 1.17\mu s$$

9.1.4 ADC 的启动

转换可以由外部事件触发(例如,定时器捕获事件、EXTI11 线等)。注意:当外部触发信号被选为 ADC 规则或注入转换时,只有它的上升沿可以启动转换。也可以采用软件触发,就是将 ADC_CR2 的 ADON 置 1 启动转换,清 0 则停止转换。

9.1.5 ADC 产生的中断

AD 转换完成后,可以产生规则通道转换结束 EOC 中断,或者注入通道转换结束 JEOC 中断,或者模拟看门狗中断(转换得到的值超出了模拟看门狗设置的上限或者下限)。

9.1.6 ADC 转换值的计算

模拟电压经过 AD 转换后,得到一个 12 位的数字值,如果要读出原始的模拟电压值,则需要经过计算。

通常将 VREF+接到 VDD(3.3V);VREF-接到 VSS(0V),ADCx_IN[15:0]通道输入的电压 VIN 的范围为 VREF-<VIN<VREF+。即:ADC 的输入电压范围设定为 0~3.3V,因为 ADC 是 12 位的,AD 转换后生成的 12 位数字量的满量程对应的模拟电压值是 3.3V,12 位满量程对应的数字值是 2^{12}。数值 0 对应的就是 0V。设 AD 转换后的数字值为 X,X 对应的模拟电压为 Y,则有:

$$Y = \frac{3.3}{2^{12}} \times X = \frac{3.3}{4096} \times X$$

9.1.7 ADC 的转换模式

1. 单次转换模式

在单次转换模式下,ADC 只执行一次转换。该模式既可通过设置 ADC_CR2 寄存器的 ADON 位(只适用于规则通道)启动,也可通过外部触发启动(适用于规则通道或注入通道)。这时 CONT 位为 0,一旦选择通道的转换完成,如果一个规则通道被转换,那么转换数据被存储在 16 位 ADC_DR 寄存器中、EOC 转换结束标志被设置,如果设置了 EOCIE,则产生中断;如果一个注入通道被转换,那么转换数据被储存在 16 位的 ADC_DRJ1 寄存器中,JEOC(注入转换结束)标志被设置,如果设置了 JEOCIE 位,则产生中断。然后 ADC停止。

2. 连续转换模式

在连续转换模式中,前面的 ADC 转换一结束马上就启动另一次转换。此模式可通过外部触发启动或通过设置 ADC_CR2 寄存器上的 ADON 位启动。此时 CONT 位是 1。每次转换后,如果一个规则通道被转换,转换数据被储存在 16 位的 ADC_DR 寄存器中,EOC(转换结束)标志被设置,如果设置了 EOCIE,则产生中断;如果一个注入通道被转换,转换数据被存储在 16 位的 ADC_DRJ1 寄存器中,JEOC 注入转换结束标志被设置,如果设置了JEOCIE 位,则产生中断。

3. 扫描模式

此模式用来扫描一组模拟通道。扫描模式可通过设置 ADC_CR1 寄存器的 SCAN 位来选择。一旦这个位被设置,ADC 就会扫描所有被 ADC_SQRX 寄存器(规则通道)或 ADC_JSQR(注入通道)选中的所有通道。在每个组的每个通道上执行单次转换。在每次转换结束时,同一组的下一个通道被自动转换。如果设置了 CONT 位,转换不会在选择组的最后一个通道上停止,而是再次从选择组的第一个通道继续转换。如果设置了 DMA 位,那么在每次 EOC 后,DMA 控制器把规则组通道的转换数据传输到 SRAM 中。而注入通道转换的数据总是存储在 ADC_JDRx 寄存器中。

4. 间断模式

(1) 规则组模式通过设置 ADC_CR1 寄存器的 DISCEN 位激活。它可以用来执行一个短序列的 n 次转换($n \leqslant 8$),此转换是 ADC_SQRx 寄存器所选择的转换序列的一部分。数值 n 由 ADC_CR1 寄存器的 DISCNUM[2:0]位给出。一个外部触发信号可以启动 ADC_SQRx 寄存器中描述的下一轮 n 次转换,直到此序列所有的转换完成为止。总的序列长度由 ADC_SQR1 寄存器的 L[3:0]定义。

例如,若 n=3,被转换的通道为 0、1、2、3、6、7、9、10,则第一次触发转换的序列为 0、1、2;第二次触发转换的序列为 3、6、7;第三次触发,转换的序列为 9、10,并产生 EOC 事件;第四次触发转换的序列 0、1、2。

注意:当以间断模式转换一个规则组时,转换序列结束后不自动从头开始。当所有子组被转换完成,下一次触发启动第一个子组的转换。在上面的例子中,第四次触发重新转换第一子组的通道 0、1 和 2。

(2) 注入组模式通过设置 ADC_CR1 寄存器的 JDISCEN 位激活。在一个外部触发事件后,该模式按通道顺序逐个转换 ADC_JSQR 寄存器中选择的序列。一个外部触发信号可以启动 ADC_JSQR 寄存器选择的下一个通道序列的转换,直到序列中所有的转换完成为止。总的序列长度由 ADC_JSQR 寄存器的 JL[1:0]位定义。

例如,若 n=1,被转换的通道为 1、2、3,则第一次触发通道 1 被转换;第二次触发通道 2被转换;第三次触发通道 3 被转换,并且产生 EOC 和 JEOC 事件;第四次触发通道 1 被转换。

注意：完成所有注入通道转换后，下一次触发启动第一个注入通道的转换。在上述例子中，第四个触发重新转换第一个注入通道1。不能同时使用自动注入和间断模式。必须避免同时为规则和注入组设置间断模式。间断模式只能作用于一组转换。

5. 双 ADC 模式

在有 2 个或以上 ADC 模块的产品中，可以使用双 ADC 模式。共有 6 种可能的模式：同步注入模式、同步规则模式、快速交叉模式、慢速交叉模式、交替触发模式、独立模式。还有可以用下列方式组合使用上面的模式，比如同步注入模式＋同步规则模式、同步规则模式＋交替触发模式、同步注入模式＋交叉模式。

9.1.8 DMA 请求

因为规则通道转换的值存储在一个仅有的数据寄存器中，所以当转换多个规则通道时需要使用 DMA，这可以避免丢失已经存储在 ADC_DR 寄存器中的数据。只有在规则通道的转换结束时才产生 DMA 请求，并将转换的数据从 ADC_DR 寄存器传输到用户指定的目的地址。只有 ADC1 和 ADC3 拥有 DMA 功能。由 ADC2 转化的数据才可以通过双 ADC 模式，利用 ADC1 的 DMA 功能传输。

9.2 ADC 的常用库函数

9.2.1 函数 ADC_Init()

函数 ADC_ Init()具体描述如表 9.2 所示。

表 9.2 ADC_Init()的函数描述表

函数名	ADC_Init
函数原型	void ADC_Init(ADC_TypeDef * ADCx, ADC_InitTypeDef * ADC_InitStruct)
功能描述	根据 ADC_InitStruct 中指定的参数初始化外设 ADCx 的寄存器
输入参数 1	ADCx，x 可以是 1 或者 2，用于选择 ADC 外设 ADC1 或 ADC2
输入参数 2	ADC_InitStruct：指向结构 ADC_InitTypeDef 的指针，包含了指定外设 ADC 的配置信息
输出参数	无
返回值	无
先决条件	无
被调用函数	无

参数 ADC_InitTypeDef 在文件 stm32f10x_adc. h 中定义，具体如下：

```
typedef struct
{
 u32 ADC_Mode;
 FunctionalState ADC_ScanConvMode;
 FunctionalState ADC_ContinuousConvMode;
 u32 ADC_ExternalTrigConv;
 u32 ADC_DataAlign;
 u8 ADC_NbrOfChannel;
```

} ADC_InitTypeDef

在结构体中,参数 ADC_Mode 设置 ADC 工作在独立或者双 ADC 模式,表 9.3 列出了参数的所有取值。

表 9.3 ADC_Mode 取值

ADC_Mode 的值	描 述
ADC_Mode_Independent	ADC1 和 ADC2 工作在独立模式
ADC_Mode_RegInjecSimult	ADC1 和 ADC2 工作在同步规则和同步注入模式
ADC_Mode_RegSimult_AlterTrig	ADC1 和 ADC2 工作在同步规则模式和交替触发模式
ADC_Mode_InjecSimult_ FastInterl	ADC1 和 ADC2 工作在同步规则模式和快速交替模式
ADC_Mode_InjecSimult_SlowInterl	ADC1 和 ADC2 工作在同步注入模式和慢速交替模式
ADC_Mode_InjecSimult	ADC1 和 ADC2 工作在同步注入模式
ADC_Mode_RegSimult	ADC1 和 ADC2 工作在同步规则模式
ADC_Mode_FastInterl	ADC1 和 ADC2 工作在快速交替模式
ADC_Mode_SlowInterl	ADC1 和 ADC2 工作在慢速交替模式
ADC_Mode_AlterTrig	ADC1 和 ADC2 工作在交替触发模式

参数 ADC_ScanConvMode 规定了模数转换工作在扫描模式(多通道)还是单次(单通道)模式,可设置为 ENABLE 或者 DISABLE。

参数 ADC_ContinuousConvMode 规定了模数转换工作在连续还是单次模式,可设置为 ENABLE 或者 DISABLE。

参数 ADC_ExternalTrigConv 定义了使用外部触发来启动规则通道的模数转换,参数取值见表 9.4。

表 9.4 ADC_ExternalTrigConv 取值

ADC_ExternalTrigConv 的值	描 述
ADC_ExternalTrigConv_T1_CC1	选择定时器 1 的捕获比较 1 作为转换外部触发
ADC_ExternalTrigConv_T1_CC2	选择定时器 1 的捕获比较 2 作为转换外部触发
ADC_ExternalTrigConv_T1_CC3	选择定时器 1 的捕获比较 3 作为转换外部触发
ADC_ExternalTrigConv_T2_CC2	选择定时器 2 的捕获比较 2 作为转换外部触发
ADC_ExternalTrigConv_T3_TRGO	选择定时器 3 的 TRGO 作为转换外部触发
ADC_ExternalTrigConv_T4_CC4	选择定时器 4 的捕获比较 4 作为转换外部触发
ADC_ExternalTrigConv_Ext_IT11	选择外部中断线 11 事件作为转换外部触发
ADC_ExternalTrigConv_None	转换由软件而不是外部触发启动

参数 ADC_DataAlign 规定了 ADC 数据向左边对齐还是向右边对齐,参数取值见表 9.5。

表 9.5 ADC_DataAlign 取值

ADC_DataAlign 的值	描 述
ADC_DataAlign _Right	ADC 数据右对齐
ADC_DataAlign_Left	ADC 数据左对齐

参数 ADC_NbrOfChannel 规定了顺序进行规则转换的 ADC 通道的数目,取值范围是 1~16。

函数调用实例代码如下:

```
/* Initialize the ADC1 according to the ADC_InitStructure members */ ADC_InitTypeDef ADC_
InitStructure; ADC_InitStructure.ADC_Mode = ADC_Mode_Independent;
ADC_InitStructure.ADC_ScanConvMode = ENABLE;
ADC_InitStructure.ADC_ContinuousConvMode = DISABLE;
ADC_InitStructure.ADC_ExternalTrigConv = ADC_ExternalTrigConv_Ext_IT11;
ADC_InitStructure.ADC_DataAlign = ADC_DataAlign_Right; ADC_InitStructure.ADC_NbrOfChannel = 16;
ADC_Init(ADC1, &ADC_InitStructure);
```

注意:为了能够正确地配置每一个 ADC 通道,用户在调用 ADC_Init()之后,必须调用 ADC_ChannelConfig()来配置每个所使用通道的转换次序和采样时间。

9.2.2 函数 ADC_RegularChannelConfig()

函数 ADC_RegularChannelConfig()具体描述如表 9.6 所示。

表 9.6 ADC_RegularChannelConfig()的函数描述表

函数名	ADC_RegularChannelConfig
函数原型	void ADC_RegularChannelConfig(ADC_TypeDef * ADCx, u8 ADC_Channel, u8 Rank, u8 ADC_SampleTime)
功能描述	设置指定 ADC 的规则组通道,设置它们的转化顺序和采样时间
输入参数 1	ADCx:x 可以是 1 或者 2,用于选择 ADC 外设 ADC1 或 ADC2
输入参数 2	ADC_Channel:被设置的 ADC 通道
输入参数 3	Rank:规则组采样顺序。取值范围为 1~16
输入参数 4	ADC_SampleTime:指定 ADC 通道的采样时间值
输出参数	无
返回值	无
先决条件	无
被调用函数	无

参数 ADC_Channel 指定了通过调用函数 ADC_RegularChannelConfig 来设置的 ADC 通道,参数取值见表 9.7。

表 9.7 ADC_Channel 取值

ADC_Channel 的值	描　　述
ADC_Channel_0	选择 ADC 通道 0
ADC_Channel_1	选择 ADC 通道 1
ADC_Channel_2	选择 ADC 通道 2
ADC_Channel_3	选择 ADC 通道 3
ADC_Channel_4	选择 ADC 通道 4
ADC_Channel_5	选择 ADC 通道 5
ADC_Channel_6	选择 ADC 通道 6
ADC_Channel_7	选择 ADC 通道 7

续表

ADC_Channel 的值	描 述
ADC_Channel_8	选择 ADC 通道 8
ADC_Channel_9	选择 ADC 通道 9
ADC_Channel_10	选择 ADC 通道 10
ADC_Channel _11	选择 ADC 通道 11
ADC_Channel_12	选择 ADC 通道 12
ADC_Channel_13	选择 ADC 通道 13
ADC_Channel_14	选择 ADC 通道 14
ADC_Channel_15	选择 ADC 通道 15
ADC_Channel_16	选择 ADC 通道 16
ADC_Channel_17	选择 ADC 通道 17

参数 ADC_SampleTime 设定了选中通道的 ADC 采样时间,参数取值见表9.8。

表 9.8　ADC_SampleTime 取值

ADC_SampleTime 的值	描 述
ADC_SampleTime_1Cycles5	采样时间为 1.5 周期
ADC_SampleTime_7Cycles5	采样时间为 7.5 周期
ADC_SampleTime_13Cycles5	采样时间为 13.5 周期
ADC_SampleTime_28Cycles5	采样时间为 28.5 周期
ADC_SampleTime_41Cycles5	采样时间为 41.5 周期
ADC_SampleTime_55Cycles5	采样时间为 55.5 周期
ADC_SampleTime_71Cycles5	采样时间为 71.5 周期
ADC_SampleTime_239Cycles5	采样时间为 239.5 周期

函数调用实例代码如下:

```
/* Configures ADC1 Channel2 as: first converted channel with an 7.5 cycles sample time */
ADC_RegularChannelConfig(ADC1, ADC_Channel_2, 1, DC_SampleTime_7Cycles5);
/* Configures ADC1 Channel8 as: second converted channel with an 1.5 cycles sample time */
ADC_RegularChannelConfig(ADC1, ADC_Channel_8, 2, ADC_SampleTime_1Cycles5);
```

9.2.3　函数 ADC_ResetCalibration()

函数 ADC_ResetCalibration()具体描述如表9.9所示。

表 9.9　ADC_ResetCalibration()的函数描述表

函数名	ADC_ResetCalibration
函数原型	void ADC_ResetCalibration(ADC_TypeDef * ADCx)
功能描述	重置指定的 ADC 的校准寄存器
输入参数	ADCx:x 可以是 1 或者 2,用于选择 ADC 外设 ADC1 或 ADC2
输出参数	无
返回值	无
先决条件	无
被调用函数	无

函数调用实例代码如下：

```
/* Reset the ADC1 Calibration registers */
ADC_ResetCalibration(ADC1);
```

9.2.4　函数 ADC_GetResetCalibrationStatus( )

函数 ADC_GetResetCalibrationStatus( )具体描述如表 9.10 所示。

表 9.10　ADC_GetResetCalibrationStatus( )函数描述表

函数名	ADC_GetResetCalibrationStatus
函数原型	FlagStatus ADC_GetResetCalibrationStatus(ADC_TypeDef * ADCx)
功能描述	获取 ADC 重置校准寄存器的状态
输入参数	ADCx：x 可以是 1 或者 2，用于选择 ADC 外设 ADC1 或 ADC2
输出参数	无
返回值	ADC 重置校准寄存器的新状态（SET 或者 RESET）
先决条件	无
被调用函数	无

函数调用实例代码如下：

```
/* Get the ADC2 reset calibration registers status */
FlagStatus Status; Status = ADC_GetResetCalibrationStatus(ADC2);
```

9.2.5　函数 ADC_StartCalibration( )

函数 ADC_StartCalibration( )具体描述如表 9.11 所示。

表 9.11　ADC_StartCalibration( )函数描述表

函数名	ADC_StartCalibration
函数原型	void ADC_StartCalibration(ADC_TypeDef * ADCx)
功能描述	开始指定 ADC 的校准状态
输入参数	ADCx：x 可以是 1 或者 2，用于选择 ADC 外设 ADC1 或 ADC2
输出参数	无
返回值	无
先决条件	无
被调用函数	无

函数调用实例代码如下：

```
/* Start the ADC2 Calibration */
ADC_StartCalibration(ADC2);
```

9.2.6　函数 ADC_GetCalibrationStatus( )

函数 ADC_GetCalibrationStatus( )具体描述如表 9.12 所示。

表 9.12　**ADC_GetCalibrationStatus**()函数描述表

函数名	ADC_GetCalibrationStatus
函数原型	FlagStatus ADC_GetCalibrationStatus(ADC_TypeDef * ADCx)
功能描述	获取指定 ADC 的校准程序
输入参数	ADCx：x 可以是 1 或者 2,用于选择 ADC 外设 ADC1 或 ADC2
输出参数	无
返回值	ADC 校准的新状态(SET 或者 RESET)
先决条件	无
被调用函数	无

函数调用实例代码如下：

```
/* Get the ADC2 calibration status */
FlagStatus Status;
Status = ADC_GetCalibrationStatus(ADC2);
```

9.2.7　函数 ADC_SoftwareStartConvCmd()

函数 ADC_SoftwareStartConvCmd()具体描述如表 9.13 所示。

表 9.13　**ADC_SoftwareStartConvCmd**()函数描述表

函数名	ADC_SoftwareStartConvCmd
函数原型	void ADC_SoftwareStartConvCmd(ADC_TypeDef * ADCx, FunctionalState NewState)
功能描述	使能或者失能指定的 ADC 的软件转换启动功能
输入参数 1	ADCx：x 可以是 1 或者 2,用于选择 ADC 外设 ADC1 或 ADC2
输入参数 2	NewState：指定 ADC 的软件转换启动新状态 这个参数可以取 ENABLE 或者 DISABLE
输出参数	无
返回值	无
先决条件	无
被调用函数	无

函数调用实例代码如下：

```
/* Start by software the ADC1 Conversion */
ADC_SoftwareStartConvCmd(ADC1, ENABLE);
```

9.2.8　函数 ADC_GetConversionValue()

函数 ADC_GetConversionValue()具体描述如表 9.14 所示。

表 9.14　**ADC_GetConversionValue**()函数描述表

函数名	ADC_GetConversionValue
函数原型	u16 ADC_GetConversionValue(ADC_TypeDef * ADCx)
功能描述	返回最近一次 ADCx 规则组的转换结果
输入参数	ADCx：x 可以是 1 或者 2,用于选择 ADC 外设 ADC1 或 ADC2

输出参数	无
返回值	转换结果
先决条件	无
被调用函数	无

函数调用实例代码如下：

```
/* Returns the ADC1 Master data value of the last converted channel */
u16 DataValue;
DataValue = ADC_GetConversionValue(ADC1);
```

9.2.9　函数 ADC_ExternalTrigConvConfig()

函数 ADC_ExternalTrigConvConfig()具体描述如表 9.15 所示。

表 9.15　ADC_ExternalTrigConvConfig()函数描述表

函数名	ADC_ExternalTrigConvConfig
函数原型	void ADC_ExternalTrigConvCmd(ADC_TypeDef* ADCx, FunctionalState NewState)
功能描述	使能或者失能 ADCx 的经外部触发启动转换功能
输入参数 1	ADCx：x 可以是 1 或者 2，用于选择 ADC 外设 ADC1 或 ADC2
输入参数 2	NewState：指定 ADC 外部触发转换启动的新状态 这个参数可以取 ENABLE 或者 DISABLE
输出参数	无
返回值	无
先决条件	无
被调用函数	无

函数调用实例代码如下：

```
/* Enable the start of conversion for ADC1 through exteral trigger */ ADC_ExternalTrigConvCmd
(ADC1, ENABLE);
```

9.2.10　函数 ADC_DiscModeChannelCountConfig()

函数 ADC_DiscModeChannelCountConfig()具体描述如表 9.16 所示。

表 9.16　ADC_DiscModeChannelCountConfig()函数描述表

函数名	ADC_DiscModeChannelCountConfig
函数原型	void ADC_DiscModeChannelCountConfig(ADC_TypeDef* ADCx, u8 Number)
功能描述	对 ADC 规则组通道配置间断模式
输入参数 1	ADCx：x 可以是 1 或者 2，用于选择 ADC 外设 ADC1 或 ADC2
输入参数 2	Number：间断模式规则组通道计数器的值。这个值的范围为 1～8
输出参数	无
返回值	无
先决条件	无
被调用函数	无

函数调用实例代码如下：

```
/* Set the discontinuous mode channel count to 2 for ADC1 */
ADC_DiscModeChannelCountConfig(ADC1, 2);
```

9.2.11　函数 ADC_DiscModeCmd()

函数 ADC_DiscModeCmd()具体描述如表 9.17 所示。

表 9.17　ADC_DiscModeCmd()函数描述表

函数名	ADC_DiscModeCmd
函数原型	void ADC_DiscModeCmd(ADC_TypeDef * ADCx，FunctionalState NewState)
功能描述	使能或者失能指定的 ADC 规则组通道的间断模式
输入参数 1	ADCx：x 可以是 1 或者 2,用于选择 ADC 外设 ADC1 或 ADC2
输入参数 2	NewState：ADC 规则组通道上间断模式的新状态 这个参数可以取 ENABLE 或者 DISABLE
输出参数	无
返回值	无
先决条件	无
被调用函数	无

函数调用实例代码如下：

```
/* Disable the discontinuous mode for ADC1 regular group channel */
ADC_DiscModeCmd(ADC1, ENABLE);
```

9.3　ADC 的应用实例

9.3.1　ADC 的初始化编程步骤

（1）使能 ADC 时钟和 ADC 通道所在 I/O 口的时钟。
（2）设置 ADC 的时钟分频因子。
（3）初始化 ADC 通道所在 GPIO 的输入输出模式和初始化 ADC。
（4）配置 ADC 通道转换顺序和采样时间。
（5）使能软件触发 ADC 转换。
（6）初始化 ADC 校准寄存器,等待校准寄存器初始化完成。
（7）ADC 开始校准,等待校准完成。
（8）使能 ADC。

9.3.2　ADC 单通道单次转换

【例 9.1】　测量如图 9.2 所示 PA1 引脚所连滑动变阻器中间端的电压。
具体代码如下：

```
# include "adc.h"
# include "stm32f10x.h"
```

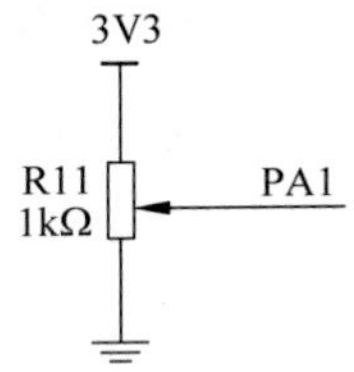

```
u16 advalue;
void adc_init(void)
 {
 ADC_InitTypeDef ADC_InitStructure;
 GPIO_InitTypeDef GPIO_InitStructure;
 //使能 ADC1 通道时钟
 RCC_APB2PeriphClockCmd(RCC_APB2Periph_GPIOA | RCC_APB2Periph_ADC1,
ENABLE);
   //设置 ADC 分频因子 6,72MHz/6 = 12MHz
   RCC_ADCCLKConfig(RCC_PCLK2_Div6);
   //PA1 作为模拟通道输入引脚
   GPIO_InitStructure.GPIO_Pin = GPIO_Pin_1;
   GPIO_InitStructure.GPIO_Mode = GPIO_Mode_AIN;        //模拟输入引脚
   GPIO_Init(GPIOA, &GPIO_InitStructure);
   ADC_DeInit(ADC1);                                    //复位 ADC1
   //ADC 工作模式:ADC1 工作在独立模式
   ADC_InitStructure.ADC_Mode = ADC_Mode_Independent;
   //模数转换工作在单通道模式
   ADC_InitStructure.ADC_ScanConvMode = DISABLE;
   //模数转换工作在单次转换模式
   ADC_InitStructure.ADC_ContinuousConvMode = DISABLE;
   //转换由软件而不是外部触发启动
   ADC_InitStructure.ADC_ExternalTrigConv = ADC_ExternalTrigConv_None;
   ADC_InitStructure.ADC_DataAlign = ADC_DataAlign_Right;        //ADC 数据右对齐
   ADC_InitStructure.ADC_NbrOfChannel = 1;          //顺序进行规则转换的 ADC 通道的数目
   //根据 ADC_InitStruct 中指定的参数初始化外设 ADCx 的寄存器
   ADC_Init(ADC1, &ADC_InitStructure);
   ADC_Cmd(ADC1, ENABLE);                            //使能指定的 ADC1
   ADC_ResetCalibration(ADC1);                       //使能复位校准
   while(ADC_GetResetCalibrationStatus(ADC1));       //等待复位校准结束
   ADC_StartCalibration(ADC1);                       //开启 AD 校准
     while(ADC_GetCalibrationStatus(ADC1));          //等待校准结束
 }
```

图 9.2　例 9.1 图

例 9.1 的主函数如下,运行结果如图 9.3 所示。

```
# include "adc.h"
# include "stm32f10x.h"
# include "delay.h"
# include "usart.h"
int main(void)
 {
  float voltage;
  delay_init();
  uart_init(115200);
  adc_init();
  while(1)
  {
  ADC_SoftwareStartConvCmd(ADC1,ENABLE);
   while(ADC_GetFlagStatus(ADC1,ADC_FLAG_EOC) == RESET);
```

```
    voltage = ADC_GetConversionValue(ADC1) * 3.3/4096;
    printf("the voltage is % f\r\n",voltage);
    delay_ms(1000);
    }
}
```

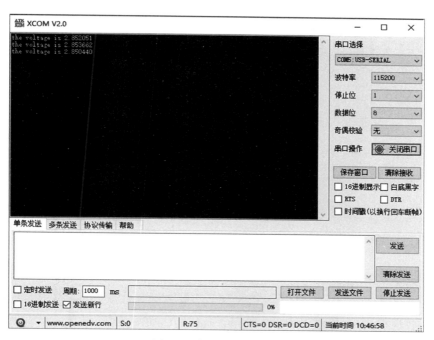

图 9.3　例 9.1 运行结果

9.3.3　ADC 多通道间断模式外部触发转换

【例 9.2】　使用间断模式测量如图 9.4 所示 PA1、PA2、PA3 引脚的电压。

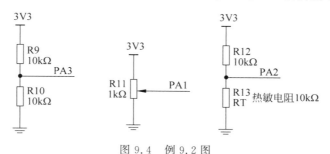

图 9.4　例 9.2 图

　　PA1、PA2、PA3 分别对应 ADC1 的通道 1、通道 2、通道 3。由表 9.18 和表 9.19 可知，若使用 TIM2_CC2 事件作为外部触发信号触发 A/D 转换，则需要将 TIM2_CH2 重映射为 PB3。由于 PB3 默认功能是 JTDO，因此要失能 JTAG 功能。整个程序主要由 3 个函数 tim_init(void)、adc_init(void)、main(void)构成。

表 9.18 ADC1 和 ADC2 用于规则通道的外部触发

触 发 源	类 型	EXTSEL[2:0]
TIM1_CC1 事件		000
TIM1_CC2 事件		001
TIM1_CC3 事件	来自片上定时器的内部信号	010
TIM2_CC2 事件		011
TIM3_TRGO 事件		100
TIM4_CC4 事件		101
EXTI 线 11/TIM8_TRGO 事件	外部引脚/来自片上定时器的内部信号	110
SWSTART	软件控制位	111

表 9.19 TIM2 复用功能重映射

复 用 功 能	TIM2_REMAP[1:0] =00（没有重映射）	TIM2_REMAP[1:0] =01（部分重映射）	TIM2_REMAP[1:0] =10（部分重映射）[1]	TIM2_REMAP[1:0] =11（完全重映射）[2]
TIM2_CH1_ETR[2]	PA0	PA15	PA0	PA15
TIM2_CH2	PA1	PB3	PA1	PB3
TIM2_CH3	PA2		PB10	
TIM2_CH4	PA3		PB11	

注：(1) 重映射不适用于 36 脚的封装；

(2) TIM2_CH1 和 TIM2_ETR 共用一个引脚，但不能同时使用，因此使用这样的标记：TIM2_CH1_ETR。

例 9.2 实现后的运行效果如图 9.5 所示，具体代码如下：

```
# include "adc.h"
# include "stm32f10x.h"
# include "stdio.h"


/ **********************************************************************
T2_CC2 触发 ADC 间断模式转换初始化步骤
1.开启 ADC1、GPIOA 的时钟。
2.设置 ADC 时钟的分频因子。
3.初始化 PA1、PA2、PA3 为模拟输入模式。
4.初始化 ADC 为 TIM2_CC2(TIM2 通道 2 比较输出)。
触发间断模式转换。
5.规则通道配置,设置规则通道转换顺序。
6.外部触发使能。
7.间断模式规则通道组数设置。
8.使能间断模式。
9.配置 ADC 中断和 NVIC 初始化。
10.使能 ADC1。
11.使能并等待复位校准完成。
12.使能并等待 AD 校准完成。
********************************************************************** /
void adc_init(void)

{
```

```
    ADC_InitTypeDef ADC_InitStructure;
    GPIO_InitTypeDef GPIO_InitStructure;
    NVIC_InitTypeDef NVIC_InitStruct;

    RCC_APB2PeriphClockCmd(RCC_APB2Periph_GPIOA |RCC_APB2Periph_ADC1, ENABLE );
                                                        //使能 ADC1 通道时钟
//设置 ADC 分频因子 6,72MHz/6 = 12MHz
    RCC_ADCCLKConfig(RCC_PCLK2_Div6);
    //PA1 作为模拟通道输入引脚
    GPIO_InitStructure.GPIO_Pin = GPIO_Pin_1|GPIO_Pin_2|GPIO_Pin_3;
    GPIO_InitStructure.GPIO_Mode = GPIO_Mode_AIN;          //模拟输入引脚
    GPIO_Init(GPIOA, &GPIO_InitStructure);

    ADC_DeInit(ADC1);                                      //复位 ADC1
    ADC_InitStructure.ADC_Mode = ADC_Mode_Independent;     //ADC1 工作在独立模式
    ADC_InitStructure.ADC_ScanConvMode = DISABLE;          //模数转换工作在单通道模式
    ADC_InitStructure.ADC_ContinuousConvMode = DISABLE;    //连续转换模式关闭
    //转换由 TIM2_CH2 外部触发启动
    ADC_InitStructure.ADC_ExternalTrigConv = ADC_ExternalTrigConv_T2_CC2;
    ADC_InitStructure.ADC_DataAlign = ADC_DataAlign_Right; //ADC 数据右对齐
    ADC_InitStructure.ADC_NbrOfChannel = 3;                //进行规则转换的 ADC 通道的数目
    //根据 ADC_InitStruct 中指定的参数初始化外设 ADCx 的寄存器
    ADC_Init(ADC1, &ADC_InitStructure);
    ADC_RegularChannelConfig(ADC1,ADC_Channel_1,1,ADC_SampleTime_55Cycles5);
    ADC_RegularChannelConfig(ADC1,ADC_Channel_2,2,ADC_SampleTime_55Cycles5);
    ADC_RegularChannelConfig(ADC1,ADC_Channel_3,3,ADC_SampleTime_55Cycles5);

    ADC_ExternalTrigConvCmd(ADC1,ENABLE);                  //外部触发使能

  //间断模式设置
  ADC_DiscModeChannelCountConfig(ADC1,1);                  //"1"指 T2_CC2 触发一次转换 1 个通道
  ADC_DiscModeCmd(ADC1,ENABLE);

    NVIC_InitStruct.NVIC_IRQChannel = ADC1_2_IRQn;
    NVIC_InitStruct.NVIC_IRQChannelCmd = ENABLE;
    NVIC_InitStruct.NVIC_IRQChannelPreemptionPriority = 1;
    NVIC_InitStruct.NVIC_IRQChannelSubPriority = 2;
    NVIC_Init(&NVIC_InitStruct);
    ADC_ITConfig(ADC1,ADC_IT_EOC,ENABLE);

  ADC_Cmd(ADC1, ENABLE);                                   //使能指定的 ADC1
    ADC_ResetCalibration(ADC1);                            //使能复位校准
    while(ADC_GetResetCalibrationStatus(ADC1));            //等待复位校准结束
    ADC_StartCalibration(ADC1);                            //开启 AD 校准
    while(ADC_GetCalibrationStatus(ADC1));                 //等待校准结束
}

u16 adtimes = 0;
```

```
void ADC1_2_IRQHandler(void)
{
   float voltage;
      if(ADC_GetITStatus(ADC1,ADC_IT_EOC) == SET)
      {
          ADC_ClearITPendingBit(ADC1,ADC_IT_EOC);
          adtimes = adtimes + 1;
          voltage = ADC_GetConversionValue(ADC1) * 3.3/4096;
          printf("\r\nThe % d times adcvalue is % f\r\n",adtimes,voltage);
      }
}


# include "tim. h"
# include "stm32f10x. h"
# include "stdio. h"

void tim_init(void)
{
   GPIO_InitTypeDef   GPIO_InitStruct;
   TIM_TimeBaseInitTypeDef TIM_TimeBaseInitStruct;
   TIM_OCInitTypeDef TIM_OCInitStruct;
   NVIC_InitTypeDef NVIC_InitStruct;

   //使能 TIM2、GPIOB、复用时钟
   RCC_APB2PeriphClockCmd(RCC_APB2Periph_AFIO|RCC_APB2Periph_GPIOB,ENABLE);
   RCC_APB1PeriphClockCmd(RCC_APB1Periph_TIM2,ENABLE);

   //失能 PB3 的 JTAG 功能,将 TIM2_CH2 引脚重映射到 PB3 上
   GPIO_PinRemapConfig(GPIO_Remap_SWJ_JTAGDisable,ENABLE);
   GPIO_PinRemapConfig(GPIO_PartialRemap1_TIM2,ENABLE);

   //初始化 PB3 为推挽复用输出
   GPIO_InitStruct.GPIO_Mode = GPIO_Mode_AF_PP;
   GPIO_InitStruct.GPIO_Pin = GPIO_Pin_3;
   GPIO_InitStruct.GPIO_Speed = GPIO_Speed_10MHz;
   GPIO_Init(GPIOB,&GPIO_InitStruct);

   //时基单元初始化
   TIM_TimeBaseInitStruct.TIM_CounterMode = TIM_CounterMode_Up;
   TIM_TimeBaseInitStruct.TIM_Period = 29999;
   TIM_TimeBaseInitStruct.TIM_Prescaler = 7199;         //TIM 时钟周期为 0.1ms
   TIM_TimeBaseInit(TIM2,&TIM_TimeBaseInitStruct);

   //输出比较单元初始化
   TIM_OCInitStruct.TIM_OCMode = TIM_OCMode_PWM1;
   TIM_OCInitStruct.TIM_OCPolarity = TIM_OCPolarity_Low;
   TIM_OCInitStruct.TIM_OutputState = ENABLE;
   TIM_OCInitStruct.TIM_Pulse = 5000;                  //每 2×5000×0.1ms 发生一次 CC2 事件
```

```
    TIM_OC2Init(TIM2,&TIM_OCInitStruct);

      NVIC_PriorityGroupConfig(NVIC_PriorityGroup_2);
      NVIC_InitStruct.NVIC_IRQChannel = TIM2_IRQn;
      NVIC_InitStruct.NVIC_IRQChannelCmd = ENABLE;
      NVIC_InitStruct.NVIC_IRQChannelPreemptionPriority = 2;
      NVIC_InitStruct.NVIC_IRQChannelSubPriority = 2;
      NVIC_Init(&NVIC_InitStruct);
      TIM_ITConfig(TIM2,TIM_IT_CC2,ENABLE);

    //使能定时计数器
    TIM_Cmd(TIM2,ENABLE);
}
u16 intertimes = 0;
void TIM2_IRQHandler(void)
{

    if(TIM_GetITStatus(TIM2,TIM_IT_CC2) == SET)
      {
        intertimes = intertimes + 1;
          printf("\r\n ===== The % d times T2_CC2 ===== \r\n",intertimes);
          TIM_ClearITPendingBit(TIM2,TIM_IT_CC2);
      }

# include "stm32f10x.h"
# include "adc.h"
# include "usart.h"
# include "tim.h"
# include "stdio.h"

extern u8 intertimes,adtimes;

int main(void)
{
  float voltage;

  NVIC_PriorityGroupConfig(NVIC_PriorityGroup_2);
  tim_init();
  usart_init();
  adc_init();

  while(1)
    {


    }

}
```

运行效果如下:

图 9.5　例 9.2 运行结果

## 第 10 章

DMA 的原理与应用

STM32F103C8T6 有 1 个七通道直接存取存储器(DMA)提供在外设和存储器之间或者存储器和存储器之间的高速数据传输。无须 CPU 干预,也没有中断处理方式那样的保留现场和恢复现场过程,数据可以通过 DMA 快速移动,这就节省了 CPU 的资源。每个通道专门用来管理来自一个或多个外设对存储器访问的请求。

10.1 DMA 的内部结构及特性

DMA 的内部结构如图 10.1 所示。

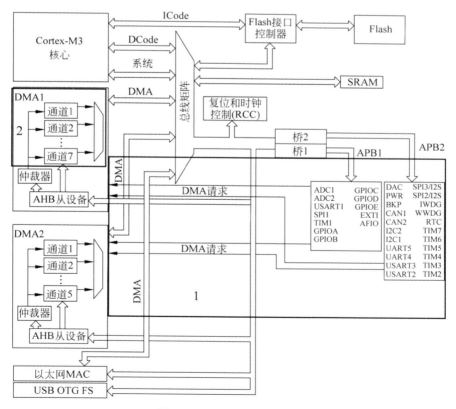

图 10.1 DMA 的结构框图

10.1.1 DMA 请求

从外设[TIMx(x=1,2,3,4)、ADC1、SPI1、SPI/I2S2、I2Cx(x=1,2)和 USARTx(x=1,2,3)]产生的 7 个请求,通过逻辑或输入到 DMA1 控制器,这意味着同时只能有一个请求有效,参见图 10.2 和表 10.1。外设的 DMA 请求可以通过设置相应外设寄存器中的控制位,被独立地开启或关闭。

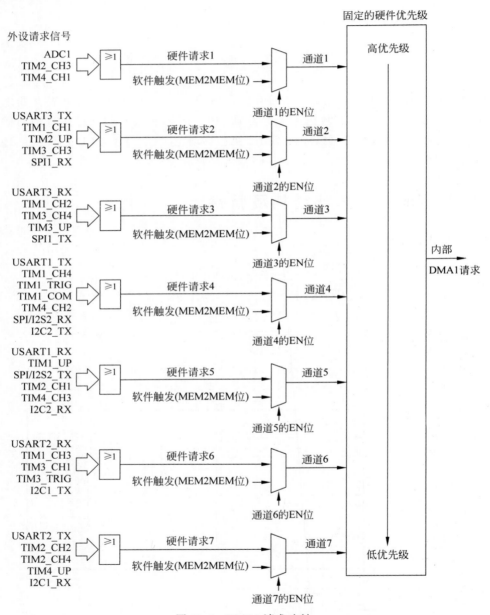

图 10.2 DMA1 请求映射

表 10.1　各通道的 DMA1 请求

外设	通道 1	通道 2	通道 3	通道 4	通道 5	通道 6	通道 7
ADC1	ADC1						
SPI/I²S		SPI1_RX	SPI1_TX	SPI/I2S2_RX	SPI/I2S2_TX		
USART		USART3_TX	USART3_RX	USART1_TX	USART1_RX	USART2_RX	USART2_TX
I²C				I2C2_TX	I2C2_RX	I2C1_TX	I2C1_RX
TIM1		TIM1_CH1	TIM1_CH2	TIM1_TX4 TIM1_TRIG TIM1_COM	TIM1_UP	TIM1_CH3	
TIM2	TIM2_CH3	TIM2_UP			TIM2_CH1		TIM2_CH2 TIM2_CH4
TIM3		TIM3_CH3	TIM3_CH4 TIM3_UP			TIM3_CH1 TIM3_TRIG	
TIM4	TIM4_CH1			TIM4_CH2	TIM4_CH3		TIM4_UP

10.1.2　DMA 通道和仲裁

STM32F103C8T6 只有 DMA1,DMA1 有 7 个通道,DMA2 有 5 个通道,每个通道对应不同的外设的 DMA 请求。虽然每个通道可以接收多个外设的请求,但是同一时间只能接收一个,不能同时接收多个。仲裁器根据通道请求优先级启动外设/存储器的访问。

优先权管理分两个阶段。

(1) 软件:每个通道的优先权可以在 DMA_CCRx 寄存器中设置,有 4 个等级:最高优先级、高优先级、中等优先级、低优先级。

(2) 硬件:如果两个请求有相同的软件优先级,则较低编号的通道比较高编号的通道有较高的优先权。举个例子,通道 2 优先于通道 4。

注意:在大容量产品和互联型产品中,DMA1 控制器拥有高于 DMA2 控制器的优先级。

10.1.3　DMA 传输的参数

可编程设置为循环模式或非循环模式:循环模式用于处理循环缓冲区和连续的数据传输(如 ADC 的扫描模式)。当启动了循环模式,数据传输的数目变为 0 时,将会自动地被恢复成配置通道时设置的初值,DMA 操作将会继续进行;当通道配置为非循环模式时,传输结束后(即传输计数变为 0)将不再产生 DMA 操作。要开始新的 DMA 传输,需要在关闭DMA 通道的情况下,在 DMA_CNDTRx 寄存器中重新写入传输数目。

可编程设置 DMA 数据传输宽度(字节、半字、全字),源和目标地址必须按数据传输宽度对齐。

可编程设置外设和存储器的指针在每次传输后可以有选择地完成自动增量。当设置为增量模式时,下一个要传输的地址将是前一个地址加上增量值,增量值取决于所选的数据宽度为 1(字节)、2(半字)或 4(全字)。

可编程设置为存储器到存储器模式:当设置了 DMA_CCRx 寄存器中的 MEM2MEM

位之后,在软件设置了 DMA_CCRx 寄存器中的 EN 位启动 DMA 通道时,DMA 传输将马上开始。当 DMA_CNDTRx 寄存器变为 0 时,DMA 传输结束。存储器到存储器模式不能与循环模式同时使用。

每个通道都有 3 个事件标志(DMA 半传输、DMA 传输完成和 DMA 传输出错),这 3 个事件标志逻辑或成为一个单独的中断请求;支持外设到存储器,存储器到外设 ,存储器和存储器间的传输。SRAM、外设的 SRAM、APB1/APB2 和 AHB 外设均可作为访问的源和目标。可编程的数据传输数目:最大为 65 536 个数据(由编程设置的数据宽度决定是字节、半字或字)。

10.2 DMA 的常用库函数

10.2.1 函数 DMA_Init()

函数 DMA_Init()具体描述如表 10.2 所示。

表 10.2　DMA_Init()的函数描述表

函数名	DMA_Init
函数原型	void DMA_Init(DMA_Channel_TypeDef * DMA _Channelx, DMA_InitTypeDef * DMA_InitStruct)
功能描述	根据 DMA_InitStruct 中指定的参数初始化 DMA 的通道 x 寄存器
输入参数 1	DMA Channelx:选择 DMA 通道 x,x 可以是 1,2,…,7
输入参数 2	DMA_InitStruct:指向结构 DMA_InitTypeDef 的指针,包含了 DMA 通道 x 的配置信息
输出参数	无
返回值	无
先决条件	无
被调用函数	无

参数 DMA_InitTypeDef 在文件 stm32f10x_dma.h 中定义,具体如下:

```
typedef struct
{
    u32 DMA_PeripheralBaseAddr;
    u32 DMA_MemoryBaseAddr;
    u32 DMA_DIR;
    u32 DMA_BufferSize;
    u32 DMA_PeripheralInc;
    u32 DMA_MemoryInc;
    u32 DMA_PeripheralDataSize;
    u32 DMA_MemoryDataSize;
    u32 DMA_Mode;
    u32 DMA_Priority;
    u32 DMA_M2M;
} DMA_InitTypeDef;
```

参数 DMA_PeripheralBaseAddr 定义 DMA 外设基地址;参数 DMA_MemoryBaseAddr 定义 DMA 内存基地址;参数 DMA_DIR 规定外设是作为数据传输的目的地还是来源,取值见表 10.3。参数 DMA_BufferSize 用以定义指定 DMA 通道的 DMA 缓存的大小,单位为数据单位;根据传输方向,数据单位等于结构中参数 DMA_PeripheralDataSize 或者参数 DMA_MemoryDataSize 的值;参数 DMA_PeripheralInc 设定外设地址寄存器递增与否,取值见表 10.4;参数 DMA_MemoryInc 用来设定内存地址寄存器递增与否,取值见表 10.5;参数 DMA_PeripheralDataSize 设定了外设数据宽度,取值见表 10.6;参数 DMA_MemoryDataSize 设定外设数据宽度,取值见表 10.7;参数 DMA_Mode 设置 DMA 通道的工作模式,取值见表 10.8;参数 DMA_Priority 设定 DMA 通道 x 的软件优先级,取值见表 10.9;参数 DMA_M2M 使能 DMA 通道的内存到内存传输,取值见表 10.10。

表 10.3　DMA_DIR 取值

DMA_DIR 的值	描　述
DMA_DIR_PeripheralDST	外设作为数据传输的目的地
DMA_DIR_PeripheralSRC	外设作为数据传输的来源

表 10.4　DMA_PeripheralInc 取值

DMA_PeripheralInc 的值	描　述
DMA_PeripheralInc_Enable	外设地址寄存器递增
DMA_PeripheralInc_Disable	外设地址寄存器不变

表 10.5　DMA_MemoryInc 取值

DMA_MemoryInc 的值	描　述
DMA_MemoryInc_Enable	内存地址寄存器递增
DMA_MemoryInc_Disable	内存地址寄存器不变

表 10.6　DMA_PeripheralDataSize 取值

DMA_PeripheralDataSize 的值	描　述
DMA_PeripheralDataSize_Byte	数据宽度为 8 位
DMA_PeripheralDataSize_HalfWord	数据宽度为 16 位
DMA_PeripheralDataSize_Word	数据宽度为 32 位

表 10.7　DMA_MemoryDataSize 取值

DMA_MemoryDataSize 的值	描　述
DMA_MemoryDataSize_Byte	数据宽度为 8 位
DMA_MemoryDataSize_HalfWord	数据宽度为 16 位
DMA_MemoryDataSize_Word	数据宽度为 32 位

表 10.8　DMA_Mode 取值

DMA_Mode 的值	描　述
DMA_Mode_Circular	工作在循环缓存模式
DMA_Mode_Normal	工作在正常缓存模式

注意:当指定 DMA 通道数据传输配置为内存到内存时,不能使用循环缓存模式。

表 10.9   DMA_Priority 取值

DMA_Priority 的值	描　述
DMA_Priority_VeryHigh	DMA 通道 x 拥有非常高优先级
DMA_Priority_High	DMA 通道 x 拥有高优先级
DMA_Priority_Medium	DMA 通道 x 拥有中优先级
DMA_Priority_Low	DMA 通道 x 拥有低优先级

表 10.10   DMA_M2M 取值

DMA_M2M 的值	描　述
DMA_M2M_Enable	DMA 通道 x 设置为内存到内存传输
DMA_M2M_Disable	DMA 通道 x 没有设置为内存到内存传输

函数调用实例代码如下：

```
/* Initialize the DMA Channel1 according to the DMA_InitStructure members */
DMA_InitTypeDef DMA_InitStructure;
DMA_InitStructure.DMA_PeripheralBaseAddr = 0x40005400;
DMA_InitStructure.DMA_MemoryBaseAddr = 0x20000100;
DMA_InitStructure.DMA_DIR = DMA_DIR_PeripheralSRC;
DMA_InitStructure.DMA_BufferSize = 256;
DMA_InitStructure.DMA_PeripheralInc = DMA_PeripheralInc_Disable;
DMA_InitStructure.DMA_MemoryInc = DMA_MemoryInc_Enable;
DMA_InitStructure.DMA_PeripheralDataSize = DMA_PeripheralDataSize_HalfWord;
DMA_InitStructure.DMA_MemoryDataSize = DMA_MemoryDataSize_HalfWord;
DMA_InitStructure.DMA_Mode = DMA_Mode_Normal;
DMA_InitStructure.DMA_Priority = DMA_Priority_Medium;
DMA_InitStructure.DMA_M2M = DMA_M2M_Disable;
DMA_Init(DMA_Channel1, &DMA_InitStructure);
```

10.2.2   函数 DMA_Cmd()

函数 DMA_Cmd()具体描述如表 10.11 所示。

表 10.11   DMA_Cmd()函数描述表

函数名	DMA_Cmd
函数原型	void DMA_Cmd(DMA_Channel_TypeDef * DMA_Channelx，FunctionalState NewState)
功能描述	使能或者失能指定的通道 x
输入参数 1	DMA_Channelx：x 可以是 1,2,…,7,用于选择 DMA 通道 x
输入参数 2	NewState：DMA 通道 x 的新状态 这个参数可以取 ENABLE 或者 DISABLE
输出参数	无
返回值	无
先决条件	无
被调用函数	无

函数调用实例代码如下：

```
/* Enable DMA Channel7 */
DMA_Cmd(DMA_Channel7, ENABLE);
```

10.2.3　常用的外设 DMA 使能库函数

除了上述函数,常用的 DMA 使能函数如下所述:

```
void USART_DMACmd(USART_TypeDef * USARTx, uint16_t USART_DMAReq, FunctionalState NewState);
void ADC_DMACmd(ADC_TypeDef * ADCx, FunctionalState NewState);
void DAC_DMACmd(uint32_t DAC_Channel, FunctionalState NewState);
void I2C_DMACmd(I2C_TypeDef * I2Cx, FunctionalState NewState);
void SDIO_DMACmd(FunctionalState NewState);
void SPI_I2S_DMACmd(SPI_TypeDef * SPIx, uint16_t SPI_I2S_DMAReq,FunctionalState NewState);
void TIM_DMAConfig(TIM_TypeDef * TIMx, uint16_t TIM_DMABase,uint16_t TIM_DMABurstLength)
void TIM_DMACmd(TIM_TypeDef * TIMx, uint16_t TIM_DMASource, FunctionalState NewState);
```

10.3　DMA 的应用实例

库函数编程实现 DMA 传输,只需要设置好 DMA 的各项参数,直接启动 DMA 传输即可。

10.3.1　DMA 的初始化编程步骤

(1) 使能 DMA 时钟。
(2) 初始化 DMA 通道参数。
(3) 使能外设 DMA。
(4) 使能 DMA 通道。
(5) 启动 DMA 传输。

10.3.2　ADC 扫描模式的 DMA 传输

【例 10.1】 实现图 10.3 所示的 ADC 扫描模式(多通道)采样数据 DMA 传输至存储器中。

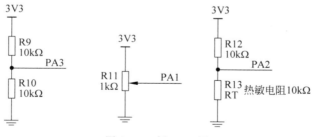

图 10.3　例 10.1 图

由于需要对 ADC 多通道采样数据进行 DMA 传输,因此 ADC 采用"扫描模式",通过 ADC_DMACmd()函数设置 DMA 位,并将这 3 个通道加入规则通道组中,在每次 EOC 后, DMA 控制器会把规则组通道的转换数据传输到 SRAM 中。

ADC 和 DMA 的配置程序如下:

```
# include "dma.h"
# include "stm32f10x.h"
volatile u16 advalue[] = {0,0,0};
```

```
void dma_init(void)
{
  DMA_InitTypeDef DMA_InitStruct;
    //使能 DMA 时钟
  RCC_AHBPeriphClockCmd(RCC_AHBPeriph_DMA1,ENABLE);
  //复位 DMA 控制器
  DMA_DeInit(DMA1_Channel1);
  //DMA 初始化
  DMA_InitStruct.DMA_BufferSize = 3; //与缓存区数组元素个数保持一致
  DMA_InitStruct.DMA_DIR = DMA_DIR_PeripheralSRC;
  DMA_InitStruct.DMA_M2M = DMA_M2M_Disable;
  DMA_InitStruct.DMA_MemoryBaseAddr = (u32)advalue;
  DMA_InitStruct.DMA_MemoryDataSize = DMA_MemoryDataSize_HalfWord;
  DMA_InitStruct.DMA_MemoryInc = DMA_MemoryInc_Enable;
  DMA_InitStruct.DMA_Mode = DMA_Mode_Circular;
  DMA_InitStruct.DMA_PeripheralBaseAddr = (uint32_t)(&(ADC1->DR));
  DMA_InitStruct.DMA_PeripheralDataSize = DMA_PeripheralDataSize_HalfWord;
  DMA_InitStruct.DMA_PeripheralInc = DMA_PeripheralInc_Disable;
  DMA_InitStruct.DMA_Priority = DMA_Priority_High;
  DMA_Init(DMA1_Channel1,&DMA_InitStruct);
  //DMA 使能
  DMA_Cmd(DMA1_Channel1,ENABLE);
}
void adc_init(void)
{
  ADC_InitTypeDef ADC_InitStructure;
  GPIO_InitTypeDef GPIO_InitStructure;
  RCC_APB2PeriphClockCmd(RCC_APB2Periph_GPIOA|RCC_APB2Periph_ADC1, ENABLE );
                                                      //使能 ADC1 通道时钟

    //设置 ADC 分频因子 6,72MHz/6 = 12MHz
  RCC_ADCCLKConfig(RCC_PCLK2_Div6);
  //PA1 作为模拟通道输入引脚
  GPIO_InitStructure.GPIO_Pin = GPIO_Pin_1|GPIO_Pin_2|GPIO_Pin_3;
  GPIO_InitStructure.GPIO_Mode = GPIO_Mode_AIN;         //模拟输入引脚
  GPIO_Init(GPIOA, &GPIO_InitStructure);
  ADC_DeInit(ADC1);                                     //复位 ADC1
  //只使用 1 个 ADC,属于独立模式
  ADC_InitStructure.ADC_Mode = ADC_Mode_Independent;
  ADC_InitStructure.ADC_ScanConvMode = ENABLE;          //有多个通道
  ADC_InitStructure.ADC_ContinuousConvMode = ENABLE;    //连续转换模式
    //转换由软件而不是外部触发启动
  ADC_InitStructure.ADC_ExternalTrigConv = ADC_ExternalTrigConv_None;
  ADC_InitStructure.ADC_DataAlign = ADC_DataAlign_Right;//ADC 数据右对齐
  //顺序进行规则转换的 ADC 通道的数目
  ADC_InitStructure.ADC_NbrOfChannel = 3;
  //根据 ADC_InitStruct 中指定的参数初始化外设 ADCx 的寄存器
  ADC_Init(ADC1, &ADC_InitStructure);                   //设置 ADC 通道转换顺序和转换时间
  ADC_RegularChannelConfig(ADC1, ADC_Channel_1, 1, ADC_SampleTime_55Cycles5);
  ADC_RegularChannelConfig(ADC1, ADC_Channel_2, 2, ADC_SampleTime_55Cycles5);
  ADC_RegularChannelConfig(ADC1, ADC_Channel_3, 3, ADC_SampleTime_55Cycles5);
  //设置 ADC_CR2 寄存器的 DMA 位
  ADC_DMACmd(ADC1,ENABLE);
  ADC_Cmd(ADC1, ENABLE);                                //使能指定的 ADC1
```

```
ADC_ResetCalibration(ADC1);                       //使能复位校准
while(ADC_GetResetCalibrationStatus(ADC1));        //等待复位校准结束
ADC_StartCalibration(ADC1);                        //开启 AD 校准
while(ADC_GetCalibrationStatus(ADC1));             //等待校准结束
  ADC_SoftwareStartConvCmd(ADC1, ENABLE);
}
```

主函数如下：

```
# include "dma.h"
# include "stm32f10x.h"
# include "delay.h"
# include "usart.h"
extern u16 advalue[];
int main(void)
 {
  float voltage;
  delay_init();
  uart_init(115200);
  dma_init();
  adc_init();
 while(1)
  {
   printf("\r\n CH1 value = % f V \r\n",((float)advalue[0])/4096 * 3.3);
   printf("\r\n CH2 value = % f V \r\n",((float)advalue[1])/4096 * 3.3);
   printf("\r\n CH3 value = % f V \r\n",((float)advalue[2])/4096 * 3.3);
   printf("\r\n\r\n");
   delay_ms(1000);
  }
}
```

例 10.1 的运行效果如图 10.4 所示。

图 10.4　例 10.1 运行结果

参 考 文 献

[1]　张洋,刘军,严汉宇.原子教你玩 STM32(库函数版)[M].北京:北京航空航天大学出版社,2013.

[2]　刘火良,杨森.STM32 库开发实战指南基于 STM32F103[M].北京:机械工业出版社,2017.

[3]　刘凯.STM32 培训视频教程——从入门到精通[EB/OL].[2021-08-04].https://v.youku.com/v_show/id_XNTMzNjk3MTgw.html.

[4]　顾晖,梁惺彦.微机原理与接口技术——基于 8086 和 Proteus 仿真[M].北京:电子工业出版社,2011.

[5]　张毅刚,刘旺,邓立宝,等.单片机原理及接口技术(C51 编程)[M].北京:人民邮电出版社,2016.

[6]　张淑清,胡永涛,张立国,等.嵌入式单片机 STM32 原理及应用[M].北京:机械工业出版社,2019.

[7]　广州周立功单片机发展有限公司.I²C 总线规范[EB/OL].[2021-08-04].https://www.zlgmcu.com.

[8]　黄克亚.ARM Cortex-M3 嵌入式原理及应用——基于 STM32F103 微控制器[M].北京:清华大学出版社,2020.

[9]　冯新宇.ARM Cortex-M3 嵌入式系统原理及应用——STM32 系列微处理器体系结构、编程与项目实战[M].北京:清华大学出版社,2020.

[10]　STM32 Reference Manual (RM0008)[EB/OL].[2021-08-04].http://www.st.com.

[11]　ST.32 位基于 ARM 微控制器 STM32F101xx 与 STM32F103xx 固件函数库[EB/OL].[2021-08-04].http://www.st.com.

[12]　Cortex-M3 权威指南.[EB/OL].[2021-08-04].http://www.armbbs.cn.

[13]　STM32F103x8/ STM32F103xB 数据手册[EB/OL].[2021-08-04].http://www.st.com.

[14]　AT24C02 数据手册[EB/OL].[2021-08-04].http://www.atmel.com/.

[15]　平震宇.嵌入式 Linux 开发实践教程[M].北京:机械工业出版社,2017.

[16]　屈微,王志良.STM32 单片机应用基础与项目实践(微课版)[M].北京:清华大学出版社,2019.

图 书 资 源 支 持

感谢您一直以来对清华大学出版社图书的支持和爱护。为了配合本书的使用，本书提供配套的资源，有需求的读者请扫描下方的"书圈"微信公众号二维码，在图书专区下载，也可以拨打电话或发送电子邮件咨询。

如果您在使用本书的过程中遇到了什么问题，或者有相关图书出版计划，也请您发邮件告诉我们，以便我们更好地为您服务。

我们的联系方式：

地　　址：北京市海淀区双清路学研大厦 A 座 714

邮　　编：100084

电　　话：010-83470236　010-83470237

资源下载：http://www.tup.com.cn

客服邮箱：tupjsj@vip.163.com

QQ：2301891038（请写明您的单位和姓名）

用微信扫一扫右边的二维码，即可关注清华大学出版社公众号。

教学资源·教学样书·新书信息

人工智能科学与技术
人工智能|电子通信|自动控制

资料下载·样书申请

书圈